I0486650

FIBONACCI Y LOS PROBLEMAS DEL LIBER ABACI

© Del texto, 2011 Alberto Ugarte Fernández
© De las ilustraciones, 2011 Rosa Ugarte Fernández
ISBN: 978-1-4478-4282-8

Autor: Alberto Ugarte Fernández

FIBONACCI Y LOS PROBLEMAS DEL LIBER ABACI

Ilustraciones: Rosa Ugarte Fernández

ÍNDICE

INTRODUCCIÓN

Hoy en día casi todo el mundo recuerda a Leonardo de Pisa, más conocido como Fibonacci, por la sucesión:

1, 1, 2, 3, 5, 8, 13, 21, 34, 55, 89, 144...

en la que cada término de la misma se halla sumando los dos precedentes. Esta sucesión aparece como solución de uno de los problemas que Fibonacci incluyó en su libro, el Liber Abaci:

Un hombre coloca una pareja de conejos de un mes de edad en un recinto cerrado para ver cuántos descendientes produce en el curso de un año, y se supone que cada mes, a partir del segundo mes de su vida, cada pareja de conejos da origen a una nueva. ¿Cuántas parejas habrá al cabo de un año?

El Liber Abaci fue escrito por Fibonacci en 1202 en Pisa. Con este libro, Fibonacci pretendía mostrar a sus compatriotas las ventajas del sistema de numeración decimal indo-arábigo, que él había aprendido en sus viajes por el Este mediterráneo, con respecto a los números romanos que se usaban todavía en Europa.

El Liber Abaci contiene, además, una notable colección de problemas pertenecientes al ámbito de la matemática recreativa. La mayoría de ellos se encuentran en el capítulo 12, con más de 200 problemas.

En este libro se proponen una serie de problemas extraídos del Liber Abaci (principalmente de su capítulo 12) elegidos entre los que me han parecido más interesantes. En cada problema se presenta el enunciado con un lenguaje moderno (a veces se añaden a éste condiciones para encontrar una única solución; muchos problemas de Fibonacci son indeterminados). Después se presenta la solución redactada utilizando el lenguaje simbólico actual. En muchos problemas se incluye la solución dada por Fibonacci cuando su método de resolución resulta curioso e interesante.

Seguro que al lector muchos de los problemas le serán familiares ya que se han convertido en clásicos de la matemática recreativa.

EL MUNDO EN TIEMPOS DE LEONARDO DE PISA

Leonardo de Pisa fue ciudadano de una importante república, la ciudad-estado de Pisa. En aquella época, finales del siglo XII y principios del XIII, la población de Pisa rondaba los 10000 habitantes. Pisa jugó un importante papel en la revolución comercial que transformaría Europa en los siglos XII y XIII.

Leonardo de Pisa apareció en escena dos siglos después del fin del estancamiento económico y cultural europeo, la Edad Oscura, el periodo de las invasiones bárbaras desde el siglo V al X. Europa ya había comenzado a despertar de su letargo. Mejoras en las técnicas agrícolas hicieron posible producir más alimentos, lo que contribuyó a una explosión demográfica que demandaba mercancías y servicios de todo tipo. Una expansión comercial estaba en progreso. La mayoría del comercio era local. Los granjeros traían su mercancía al mercado de la ciudad y compraban productos de los artesanos locales. Una pequeña pero importante parte de ese comercio era internacional, a larga distancia. Los maltrechos caminos de la época dificultaban el transporte terrestre y era más barato, y generalmente más rápido, transportar mercancías por mar. Como en los viejos tiempos, el Mediterráneo se convirtió en una vía que unía regiones con diferentes religiones, entidades políticas y culturales. La otra mitad del mundo, el lejano Oriente, era un lugar remoto pero no inalcanzable. Las mercancías más transportadas eran las especias, aunque también se transportaban medicinas, ungüentos, cosméticos, tintes, taninos y otros materiales usados en la alquimia. Dada la escasa capacidad de los barcos de la época las especias eran una carga muy valiosa. Como compensación por el azafrán, la canela, la pimienta y otras exóticas semillas y plantas que se obtenían de los árabes en los puertos del Este mediterráneo, los comerciantes europeos intercambiaban lanas, madera, hierro y otros metales. La mayoría de las cargas que iban y venían eran transportadas en barco desde una docena de ciudades europeas. La mayoría de estas ciudades eran italianas. Tres en particular dominaban el comercio: Venecia, Génova y Pisa. Estas tres ciudades eran una notable anomalía en la Europa del siglo XII que estaba en su mayor parte gobernada por reyes, emperadores, condes y obispos. La mayor parte de Italia estaba sometida al imperio germano, al rey de Sicilia o al Papa. Pero estas tres ciudades y otras pocas como Milán y Florencia eran "ciudades libres", virtualmente repúblicas independientes gobernadas desde dentro de sus muros y que se surtían de alimentos y materias primas de las tierras colindantes. Las ciudades italianas condujeron a Europa no solo a un resurgimiento comercial sino también cultural. En Pisa, por ejemplo, estaban en construcción importantes monumentos arquitectónicos. La torre inclinada se empezó a construir en 1173 como campanario del Duomo. El Duomo o catedral, uno de los edificios más hermosos del románico italiano, se había empezado a construir en 1064.

Los pisanos no tenían problema ninguno en comerciar con los musulmanes. A mediados del siglo XII Pisa poseía colonias o despachos consulares a lo largo del Mediterráneo. La mayor parte de su comercio era con la comunidad musulmana que se extendía desde Persia, a lo largo de toda la costa este y sur mediterránea hasta el sur de España. Ciudades como Bagdad, Damasco, Alejandría, Túnez, Bugia, Argel, Granada, Córdoba y otras muchas formaban parte de este intercambio comercial.

A pesar de cruzadas, guerras y piratería, la Europa cristiana y el Islam estaban envueltos en gran cantidad de intercambios pacíficos y productivos. La mayoría de estos contactos eran contactos comerciales mantenidos por hombres de negocios de Pisa y de sus ciudades hermanas de Italia que veían a los musulmanes como gente de la que había mucho que aprender.

LEONARDO DE PISA

Leonardo de Pisa, más conocido como Fibonacci, nació en Pisa alrededor del 1175. De su vida se conoce muy poco. Su apodo Fibonacci proviene de la contracción de *filius Bonacci* (literalmente hijo de Bonaccio). Dado que su padre se llamaba Guilielmo, Fibonacci significaría descendiente de Bonaccio, quien sería algún ilustre antecesor perteneciente a su familia. No hay evidencia de que Leonardo se refiriera a sí mismo como Fibonacci sino que este nombre se le puso siglos después.

El padre de Leonardo tenía un cargo diplomático. Su trabajo era representar a los comerciantes de la República de Pisa que negociaban en Bugia (luego Bougie y hoy Bejaia). Bejaia es un puerto mediterráneo en el noreste de Argelia. Fibonacci, siendo un adolescente, acompañó a su padre a Bugia. Fibonacci escribió en el prólogo del *Liber abaci* (1202):

"Cuando mi padre ocupaba su cargo lejos de su tierra, en Bugia, en la aduana establecida por los comerciantes de Pisa que allí iban, me llamó, aún siendo yo niño, para ir con él, y aspirando a encontrar para mí un próspero futuro; quiso introducirme en el estudio de las matemáticas y allí fui aleccionado durante algún tiempo."

Allí aprendió matemáticas y, posteriormente, viajó extensamente por Egipto, Siria, Grecia, Sicilia y Provenza y reconoció las grandes ventajas de los sistemas matemáticos usados en los países que visitaron. Fibonacci observó que las técnicas matemáticas que usaban los árabes eran superiores a las que se usaban en la mayoría de los países europeos. Éstos tenían un modo más eficaz para representar números enteros y fracciones. La mayoría de los europeos usaban los números romanos donde siete letras I, V, X, L, C, D y M se correspondían con las valores 1, 5, 10, 50, 100, 500 y 1000. Los países árabes usaban un sistema numérico que se había gestado y pulido en la India entre los años 300 a.C. y 700 d.C. Este sistema usaba 10 símbolos y una notación posicional para representar cantidades como sumas de potencias de diez.

Este sistema permitía trabajar con números de cualquier magnitud, escribir operaciones y comprobarlas con posterioridad. Fibonacci se dio cuenta que la aritmética era mucho más fácil con este sistema. Aprendió a sumar, restar, multiplicar y dividir usando los números indo-arábigos y aprendió a escribir las operaciones en papel. Con los números romanos no había forma de escribir las operaciones paso a paso en papel. Se escribía el resultado final, pero los cálculos se hacían con el ábaco, que era un cuadro de madera con alambres paralelos por los que corren bolas movibles que servía para realizar cálculos sencillos (sumas, restas y multiplicaciones).

Leonardo regresó a Pisa hacia el año 1200. La primera edición del "Liber Abaci" se publicó en 1202. Por supuesto, en esa época, los libros se copiaban a mano. En 1228 se publica una segunda edición del libro en la que, según palabras de Fibonacci, se añade nuevo material y se suprime material superfluo. Esta edición cuya primera copia impresa fue realizada por Baldassarre Boncompagni en Roma en 1857, es la que nosotros conocemos.

Fibonacci escribió otros libros, tres de los cuales, aparte de la edición de 1228 del Liber Abaci, han sobrevivido hasta nuestros días:

- *Practica geometriae,* publicado en 1220. Contiene una gran colección de problemas geométricos distribuidos en ocho capítulos, con teoremas basados en los *Elementos de Euclides Sobre Divisiones.* Además de los teoremas geométricos con demostraciones precisas, el libro incluye información para exploradores, incluyendo cómo calcular la altura de objetos altos usando triángulos semejantes.

- *Liber quadratorum,* escrito en 1225, es la obra más impresionante de Fibonacci, aunque no sea la obra que lo hizo famoso. El nombre significa libro de los cuadrados y versa sobre teoría de números que, entre otras cosas, examina métodos para hallar ternas pitagóricas.

- *Flos,* publicado en 1225, contiene las soluciones de los problemas que le fueron planteados a Fibonacci en un torneo matemático organizado en Pisa por el emperador Federico II.

Federico II era el Sacro Emperador Romano. Fue coronado rey de Alemania en 1212 y luego Sacro Emperador Romano por el Papa en la iglesia de San Pedro en Roma en noviembre de 1220. Federico II apoyó a Pisa en sus conflictos con Génova por mar y con Lucca y Florencia por tierra, y hasta 1227 fue consolidando su poder en Italia. Federico II era un hombre culto y preocupado por las matemáticas y la filosofía. Federico se enteró del trabajo de Fibonacci a través de los eruditos de su corte. Entre esos sabios estaban Miguel Scoto, astrólogo de la corte, Teodoro, filósofo de la corte y Dominicus Hispanus quien sugirió a Federico que invitara a Fibonacci cuando su corte estuvo en Pisa hacia 1225.

Juan de Palermo, otro cortesano de Federico II, presentó los siguientes tres problemas como desafío a Fibonacci:

Primer problema: Encontrar un número de tal manera que su cuadrado aumentado o disminuido en 5 unidades siga siendo un cuadrado.

Segundo problema: Encontrar un número tal que su cubo más el doble de su cuadrado más 10 veces él mismo sea igual a 20.
Para ello sólo se podrán utilizar las proposiciones del Libro X de los Elementos de Euclides.

Tercer problema: Tres hombres se reparten al azar una suma de dinero. Después, el primero aporta a un fondo común la mitad de su parte, el segundo un tercio de la suya y el tercero un sexto de la suya. Dividen este fondo común en tres partes iguales y se lo reparten entre sí. Al final, el primero tiene la mitad de la suma inicial, el segundo la tercera parte y el tercero la sexta parte. ¿Cuál era la suma inicial?

Fibonacci resolvió los tres problemas.

Posteriormente a 1228 sólo se conoce un documento que hace referencia a Fibonacci. Se trata de un decreto de la República de Pisa en 1240 en el cual se otorga un salario a:
"... el serio y erudito Maestro Leonardo..."
Este sueldo fue dado a Fibonacci en reconocimiento por sus servicios a la ciudad, sus consejos en materia de contabilidad y su enseñanza a los ciudadanos.

EL LIBER ABACI

"Las nueve cifras hindúes son:

9 8 7 6 5 4 3 2 1.

Con estas nueve cifras y con el 0 cualquier número puede ser escrito."

Así comienza el Liber Abaci, la obra más conocida de Fibonacci. En esta obra, Leonardo introduce las cifras indo-arábigas en Occidente y proporciona las reglas para realizar las operaciones elementales con ellas. En el prólogo del libro Leonardo declara que en sus viajes y estudios ha encontrado que el sistema de numeración hindú y sus métodos de cálculo son superiores a los que se emplean en Europa y que quiere divulgarlos entre sus compatriotas. Su intención era brindar a los comerciantes una herramienta de cálculo mucho más potente que el tradicional ábaco.

El Liber Abaci es una verdadera antología del saber matemático de la época, de notable importancia por la divulgación y la descripción que ofrece de la matemática y de la vida cotidiana.
No es exagerado decir que las contribuciones de Fibonacci dieron un nuevo impulso a la matemática italiana y europea. Durante tres siglos aproximadamente sus trabajos sirvieron de modelo para los estudiosos de la época. Los posteriores desarrollos de la matemática en el siglo XVI hicieron que se olvidaran las obras de Leonardo. Con la publicación de las obras por parte de Boncompagni (1821-1894) sus obras revivieron de nuevo la admiración de los estudiosos.

El I iber Abaci se divide en quince capítulos:

· Capítulo 1: Lectura y escritura de los números en el sistema indo-arábigo.
· Capítulo 2: Multiplicación de números enteros.
· Capítulo 3: Suma de números enteros.
· Capítulo 4: Resta de números enteros.
· Capítulo 5: División de números enteros.
· Capítulo 6: Multiplicación de números enteros por fracciones.
· Capítulo 7: Fracciones.
· Capítulo 8: Precios de las mercancías.
· Capítulo 9: Trueque de mercancías y cosas similares.

· Capítulo 10: Compañías y sus miembros.
· Capítulo 11: Aleaciones de monedas.
· Capítulo 12: Problemas y soluciones.
· Capítulo 13: El método de la doble falsa posición.
· Capítulo 14: Raíces cuadradas y raíces cúbicas.
· Capítulo 15: Reglas geométricas y problemas de álgebra.

En el capítulo 1 Fibonacci explica el sistema decimal. En los siguientes capítulos describe con detalle los métodos para realizar las cuatro operaciones fundamentales (suma, resta, multiplicación y división). Después Fibonacci propone y resuelve problemas de diversa índole. En el capítulo 8 enseña a calcular, usando la proporción, el valor de diversas mercancías en diferentes ciudades que podían ser destino de viajes para comerciantes. También encontramos en este capítulo los nombres de unidades de medida de peso, capacidad y longitud y de las monedas en uso en las diferentes ciudades.

Fibonacci explica también como resolver este tipo de problemas usando la regla de tres (él lo llama método de la negociación).
En el capítulo 9 haciendo también uso de la regla de tres propone diferentes problemas basados en el trueque de otros artículos.
El décimo capítulo trata de las inversiones hechas por los miembros de ciertas compañías y los beneficios obtenidos por éstos.

El capítulo 11 contiene problemas sobre aleaciones de monedas de plata y cobre. Posteriormente en el mismo capítulo Fibonacci incluye otros problemas que se resuelven de manera análoga a los primeros. Hay a menudo soluciones múltiples ya que los problemas incluyen sistemas de ecuaciones lineales indeterminados.

El capítulo 12 propone problemas de diverso tipo pertenecientes al ámbito de la matemática recreativa. En el capítulo 13 Fibonacci resuelve problemas usando el método de la doble falsa posición.

En el capítulo 14 se encuentran problemas con raíces y en el 15 se proponen una serie de ejercicios geométricos.

LOS PROBLEMAS DEL LIBER ABACI

Todo el Liber Abaci está lleno de problemas de naturaleza dispar. El capítulo 12 ocupa aproximadamente una extensión de un tercio de todo el Liber Abaci y es el que contiene mayor número de problemas, entre los cuales se encuentra el problema de las parejas de conejos, por el cual Fibonacci es famoso.

La mayoría eran ya conocidos con anterioridad a Fibonacci; el sólo los copió de obras de otros autores.

Como muestra, otros ejemplos que nos sonarán familiares:

- *Un león se come una oveja en 4 horas, un leopardo en 5 y un oso tarda 6 horas. ¿Cuántas horas tardarán en devorarla los tres juntos?*

- *Siete ancianos van a Roma. Cada uno tiene 7 mulas, cada mula tiene 7 sacos, en cada saco hay 7 panes, en cada pan hay 7 cuchillos y cada cuchillo tiene 7 dientes. ¿Cuál es la suma de todo lo anteriormente nombrado?*

El capítulo 12 está dividido en 9 partes:
Parte 1: Suma de series de números, y otros problemas similares.
Parte 2: Sobre proporciones numéricas por la regla de las cuatro proporciones.
Parte 3: Problemas de árboles, y otros problemas similares que tienen solución.
Parte 4: Descubriendo bolsas.
Parte 5: Compra de caballos entre miembros de una sociedad, de acuerdo con proporciones dadas.
Parte 6: Sobre viajantes, y otros problemas parecidos a éstos.
Parte 7: Método de la falsa posición y variaciones de éste.
Parte 8: Algunos problemas de adivinación.
Parte 9: Duplicando cuadrados y otros problemas.

Los problemas del Liber Abaci están ligados a la vida cotidiana de la época y ofrecen información sobre las unidades de medida, de peso y monetarias que se usaban en la época así como de las prácticas de negocio y de comercio que se seguían en la época.

Los problemas de matemática recreativa Leonardo los resuelve por métodos ya conocidos en la época, tales como la regla de tres, la regla de tres compuesta y el método de la falsa posición.

Este método era una de las técnicas favoritas de Leonardo, que tomó prestada de los árabes. En dicho método se parte de una suposición falsa y se resuelve el problema con esta falsa suposición, corrigiendo posteriormente la solución haciendo uso de la proporción. Usó la falsa posición en todo tipo de problemas: cisternas que se llenan y se vacían con grifos y desagües a diferentes velocidades, hormigas y barcos que van al encuentro o se persiguen, problemas de árboles, de dinero o de edades.

Algunos problemas son resueltos también por el método directo de los árabes, es decir, usando ecuaciones. Los ejercicios no contienen símbolos matemáticos y Fibonacci llama a la magnitud desconocida "cosa" y describe el proceso paso a paso.

Otro método que tomó prestado de los árabes era resolver un problema de atrás hacia delante. Por ejemplo en el problema "*las manzanas del jardín*":

- *Un hombre entra al jardín del placer a través de 7 puertas y coge allí un cierto número de manzanas. Para salir debe pagar a los guardianes de cada puerta. Al primer guardián le da la mitad de las manzanas que lleva más una. Al segundo guardián le da la mitad de las manzanas que le quedan más una. Hace lo mismo con los guardianes de cada una de las cinco puertas que le faltan. Cuando sale le queda una manzana. ¿Cuántas manzanas había tomado en un principio?*

Aquí Leonardo empieza calculando las manzanas que tiene antes de cruzar cada puerta pero empezando por la última hasta llegar a la primera.

Leonardo a menudo ofrece distintas variantes de un mismo problema y en otros problemas, ofrece diferentes métodos para solucionarlos. Por ejemplo, en el problema "*Dos pájaros volando hacia la fuente*" Leonardo lo resuelve, en el capítulo 13, por el método de la doble falsa posición, y por semejanza de triángulos en el capítulo 15.

Varios problemas del Liber Abaci los dedica a la suma de series tanto aritméticas como geométricas:

- *Dos hombres tienen la intención de hacer un largo viaje. Uno de ellos caminará 20 millas diarias. El otro hará 1 milla el primer día, 2 el segundo, 3 el tercero y así sucesivamente añadiendo siempre una milla a lo recorrido el día anterior. ¿Cuántos días tardará el segundo viajero en alcanzar al primero?*

- *¿Cuánto vale la suma de la sucesión de potencias de dos (desde 2^0 hasta 2^{63}) escritas en un tablero de ajedrez?*

Otro tipo de problemas, inventados por los chinos y adoptados posteriormente por hindúes y árabes, eran los problemas del resto:

- *¿Cuál es el número más pequeño que dividido entre 2, 3, 4, 5 ó 6 da de resto 1 y es exactamente divisible por 7?*

La contribución de Leonardo a las matemáticas, más allá de la introducción del sistema numérico indo-arábigo, fue en el área de la teoría de números. Los logros más importantes de Leonardo en la teoría de números fueron en el análisis diofántico. El álgebra diofántica trata sistemas de ecuaciones indeterminados con dos o más incógnitas, para los cuales se requieren soluciones enteras. Muchos problemas de Fibonacci son indeterminados. En ellos Fibonacci suele proponer la solución entera más pequeña aunque en el enunciado no venga especificada explícitamente dicha condición.

Finalmente es oportuno añadir algunas observaciones sobre la escritura de fracciones por parte de Fibonacci:
El autor no usa fracciones decimales (sino ocasionalmente).
Las fracciones son siempre menores que la unidad (nuestras fracciones propias).
La mayor parte de las fracciones incluidas en los enunciados de las fracciones son fracciones unitarias (fracciones con numerador uno) mientras que las fracciones incluidas en las soluciones no tienen esta limitación.
En la época de Fibonacci no se habían inventado los signos y la sucesión de dos fracciones indicaba su suma (por ejemplo 1/4 1/3 equivale a lo que hoy indicamos como 1/4 + 1/3). Cabe recordar

que el primer libro donde se utilizan los símbolos + y – se publica al inicio del siglo XVI.

Más compleja es otra notación usada por Fibonacci $\dfrac{6}{7}\dfrac{1}{11}31$ indica $31+\dfrac{1}{11}+\dfrac{6}{7\cdot 11}$, es decir, $31+\dfrac{1}{11}+\dfrac{6}{77}$. Es posible que este método de escritura de las fracciones de izquierda a derecha Fibonacci lo haya heredado de los árabes.

PROBLEMAS

PROOF STAGE

1. LOS ÁRBOLES DEL REY

Un rey envió 30 hombres a plantar árboles y plantaron 1000 árboles en 9 días. ¿Cuántos días tardarán 36 hombres en plantar 4400 árboles?

Solución:

Si 30 hombres plantan 1000 árboles en 9 días entonces un hombre plantará 1000 árboles en 270 días y así, en 1188 días plantará 4400 árboles. Por tanto, 36 hombres plantarán 4400 árboles en 33 días.

NOTA:

El problema aparece en el capítulo 9 del Liber Abaci. En dicho capítulo aparecen una serie de problemas que Fibonacci resuelve usando la regla de tres compuesta. Dispone los datos en una tabla (como podemos ver en la ilustración inferior) y opera de la siguiente manera:
Multiplica los 30 hombres por los 4400 árboles y su producto por los 9 días y divide el resultado por los 36 hombres y por los 1000 árboles. El cociente es 33 que es el número de días que tardarán los 36 hombres en plantar 4400 árboles.

días	árboles	hombres
9	1000	30
•		•
	•	•
33	4400	36

2. 30 PÁJAROS POR 30 DENARIOS

Un hombre compra 30 pájaros entre perdices, pichones y gorriones. Se gasta 30 denarios. Si una perdiz cuesta 3 denarios, un pichón 2 y dos gorriones cuestan un denario, ¿cuántos pájaros compró el hombre de cada tipo?

NOTA:

El denario era una unidad monetaria. Una libra eran 20 sueldos y un sueldo equivalía a 12 denarios.

Solución:

Sean x el número de perdices, y el número de pichones y z el número de gorriones. Con los datos del problema podemos plantear el siguiente sistema de ecuaciones:

$$\begin{cases} x + y + z = 30 \\ 3x + 2y + \frac{1}{2}z = 30 \end{cases}$$

Al haber 3 incógnitas y sólo 2 ecuaciones el sistema es indeterminado, así que despejando x y z en función de y obtenemos:

$$\begin{cases} x = \dfrac{30 - 3y}{5} \\ y = y \\ z = \dfrac{120 - 2y}{5} \end{cases}$$

Como x, y y z tienen que ser números enteros positivos (el cero tampoco vale) la única solución válida es x = 3, y = 5, z = 22.

NOTA:

El problema aparece en el capítulo 11 del Liber Abaci dedicado a problemas sobre aleaciones de monedas de plata y cobre. Posteriormente en el mismo capítulo, Fibonacci incluye otros problemas, como el que nos ocupa, que se resuelven de manera análoga a los primeros.

3. DOS VIAJEROS

Dos hombres tienen la intención de hacer un largo viaje. Uno de ellos caminará 20 millas diarias. El otro hará una milla el primer día, 2 el segundo, 3 el tercero y así sucesivamente añadiendo siempre una milla a lo recorrido el día anterior. ¿Cuántos días tardará el segundo viajero en alcanzar al primero?

Solución:

Si llamamos x al número de días que tarda en alcanzar un viajero al otro, entonces el primer viajero recorrerá *20x* millas, mientras que el segundo recorrerá *1 + 2 + 3 + 4 + …. + x* millas.
Calculemos ahora el valor de esta suma.
Llamamos S a la suma anterior, es decir; *S = 1 + 2+ 3 + 4 + … + x*. Escribimos ahora la suma con los sumandos a la inversa, es decir, de mayor a menor; *S = x + x-1 + x-2 + … + 3 + 2 + 1*.
Sumando ambas expresiones, término a término, obtenemos:

$$S = 1 + \ 2 \ + \ 3 \ +\ …\ + x\text{-}2 + \ x\text{-}1 + \ x$$
$$S = x + x\text{-}1 + x\text{-}2 + … + \ 3 \ + \ 2 \ \ + 1$$

$$2S = x\text{+}1 + x\text{+}1 + x\text{+}1 + \ldots + x\text{+}1 + x\text{+}1 =$$
$$2S = x \cdot (x+1)$$

Por tanto $S = \dfrac{x \cdot (x+1)}{2}$

Igualando ahora las distancias recorridas por ambos viajeros, obtenemos la ecuación:

$$20x = \frac{x \cdot (x+1)}{2},$$

cuyas soluciones son $x = 0$ (que corresponde al momento inicial de partida) y $x = 39$ (que es la solución de nuestro problema).

4. OTROS DOS VIAJEROS

Dos hombres tienen la intención de hacer un largo viaje. Uno de ellos caminará 10 millas diarias. El otro hará 3 millas el primer día, 6 el segundo, 9 el tercero y así sucesivamente, añadiendo siempre tres millas a lo recorrido el día anterior. ¿Cuántos días tardará el segundo viajero en alcanzar al primero?

Solución:

Planteamos el problema de manera idéntica al anterior. Llamamos *x* al número de días que tarda en alcanzar un viajero al otro, entonces el primer viajero recorrerá *10x* millas, mientras que el segundo recorrerá *3 + 6 + 9 + 12 + ….+ 3x* millas. Llamamos S a la suma anterior y calculamos el valor de esta suma siguiendo el mismo procedimiento que en el problema precedente y obtenemos:

$$S = \frac{x \cdot (3x + 3)}{2}$$

Igualamos ahora las distancias recorridas por ambos viajeros, obteniendo la ecuación: $10x = \frac{x \cdot (3x + 3)}{2}$, cuya solución es

$$x = \frac{17}{3} = 5\hat{'}6 \ .$$

Por tanto, el segundo viajero alcanzará al primero el sexto día. Si queremos saber exactamente cuándo, procedemos de la siguiente manera:
Tras el quinto día, el primer viajero ha recorrido 50 millas y recorrerá 10 millas al día siguiente.
El segundo viajero ha recorrido 45 millas en los cinco primeros días y recorrerá 18 millas al día siguiente.
Por lo tanto, el segundo viajero va 5 millas por detrás al comenzar el día. Como el segundo recorre 8 millas más que el primero el sexto día (24 horas), esto quiere decir que cada 3 horas recorre una milla más. Como la distancia que les separa al comienzo del día son 5 millas, tarda 15 horas en darle alcance.

Solución: $5\frac{5}{8}$ días = 5 días y 15 horas.

5. EL PANECILLO

Si $\dfrac{1}{3}$ de un panecillo vale $\dfrac{1}{4}$ de un besante, ¿cuánto cuesta $\dfrac{1}{5}$ de panecillo?

NOTA:
El besante fue una antigua moneda bizantina de oro o plata, que también tuvo curso entre los musulmanes y en parte de la Europa occidental.

Solución:

Apliquemos el método de reducción a la unidad:

Si $\dfrac{1}{3}$ de panecillo vale $\dfrac{1}{4}$ de un besante entonces multiplicando por 3, un panecillo vale $\dfrac{3}{4}$ de besante. Multiplicando ahora por $\dfrac{1}{5}$, $\dfrac{1}{5}$ de panecillo vale $\dfrac{3}{20}$ de besante.

Fibonacci resuelve este problema mediante una regla de tres simple.

Textualmente escribe: "Así pues, esta pregunta se escribe en el método de la negociación (nuestra regla de tres) y se opera de acuerdo a lo que enseñamos en problemas similares del capítulo 8".

Y añade la siguiente ilustración:

besantes	panecillos
$\dfrac{1}{4}$	$\dfrac{1}{3}$
$\dfrac{1}{2}\ \dfrac{1}{10}$	$\dfrac{1}{5}$

Recordemos que Fibonacci escribía las fracciones de izquierda a derecha, un método de escritura quizás heredado de los árabes y usando una notación algo diferente a la actual. La expresión $\frac{1}{2}\frac{1}{10}$ representa $\frac{1}{10} + \frac{1}{20}$, es decir, $\frac{3}{20}$.

6. DOS NÚMEROS ENTEROS

Encuentra dos números enteros de manera que los $\frac{2}{7}$ *de uno sean igual que los* $\frac{3}{8}$ *del otro.*

Solución:

Se trata de encontrar una solución entera a la ecuación: $\frac{2}{7}x = \frac{3}{8}y$. Despejando:

$y = \frac{2 \cdot 8}{3 \cdot 7}x$, cuya primera solución entera es: x = 21, y = 16.

7. TRES NÚMEROS ENTEROS

Encuentra tres números enteros de manera que los $\dfrac{2}{5}$ de uno sean igual que los $\dfrac{3}{7}$ del segundo e igual que los $\dfrac{4}{9}$ del tercero.

Solución:

Se trata de encontrar una solución a la ecuación: $\dfrac{2}{5}x = \dfrac{3}{7}y = \dfrac{4}{9}z$.

Multiplicando por 5, por 7 y por 9 queda:
$2 \cdot 7 \cdot 9 \cdot x = 3 \cdot 5 \cdot 9 \cdot y = 4 \cdot 5 \cdot 7 \cdot z$.

Una solución es:
$x = 3 \cdot 4 \cdot 5 = 60$, $y = 2 \cdot 4 \cdot 7 = 56$, $z = 2 \cdot 3 \cdot 9 = 54$

8. EL ÁRBOL

De un árbol, $\frac{1}{4}$ y $\frac{1}{3}$ está bajo tierra. Si la parte soterrada del árbol mide 21 palmos, ¿cuál es la altura de dicho árbol?

NOTA:

El palmo era una antigua unidad de longitud: la medida entre el extremo del dedo pulgar y el extremo del meñique con la mano extendida.

Solución:

Sea x la altura del árbol. Se trata entonces de resolver la ecuación:

$$\left(\frac{1}{4}+\frac{1}{3}\right)x = 21 .$$

Operando: $\frac{7}{12}x = 21$; $x = \frac{21 \cdot 12}{7} = 36$ palmos.

Fibonacci resuelve este problema por un procedimiento al que denomina "el método del árbol" y que usará después para resolver otros problemas en el Liber Abaci:

El mínimo común múltiplo de 3 y 4 es 12. Entonces se divide el árbol en 12 partes iguales de las cuales 7 están bajo tierra ($\frac{1}{3}+\frac{1}{4} = \frac{4}{12}+\frac{3}{12} = \frac{7}{12}$). Como 7 partes miden 21 palmos, entones 7 es a 21 como 12 es a la altura del árbol. Así pues multiplicando 21 por 12 y dividiendo entre 7 obtenemos el triple de 12 que es 36.

9. EL LEÓN EN EL POZO

Un león se encuentra en un pozo de 50 palmos de profundidad. Diariamente asciende $\frac{1}{7}$ de palmo y desciende $\frac{1}{9}$. ¿Cuántos días tarda en salir del pozo?

Solución:

Según Fibonacci el león asciende $\frac{1}{7} - \frac{1}{9} = \frac{2}{63}$ de palmo. Así, en 63 días ascenderá 2 palmos. Por tanto, en 1575 días ($63 \cdot 25 = 1575$) ascenderá 50 palmos ($25 \cdot 2$).

En realidad la solución propuesta por Fibonacci no es correcta si tenemos en cuenta que el león primero asciende diariamente $\frac{1}{7}$ de palmo y luego cae $\frac{1}{9}$. Analicemos lo que ocurre unos días antes del día 1575:

El día 1571 el león se encuentra a una altura de $\frac{2}{63} \cdot 1571 = 49{,}873$ palmos.

Al día siguiente el león asciende $\frac{1}{7}$, es decir algo más de 0,142 palmos, con lo cual supera ya los 50 palmos de altura del pozo.

Es decir, el león tarda en salir del pozo 1572 días.

10. DOS SERPIENTES

Una serpiente, que se encuentra en la base de una torre de 100 palmos de altura, asciende diariamente $\frac{1}{3}$ de palmo y desciende $\frac{1}{4}$. En lo alto de la torre hay otra serpiente que desciende diariamente $\frac{1}{5}$ de palmo y asciende $\frac{1}{6}$. ¿Cuántos días tardarán en encontrarse ambas serpientes? ¿A qué altura se encuentran en dicho momento?

Solución:

Leonardo emplea aquí el llamado método de la falsa posición. Supongamos que se encontraran al cabo de 60 días (mínimo común múltiplo de 3, 4, 5 y 6). Entonces la serpiente que se encontraba en la base de la torre habría ascendido 5 palmos ($\frac{1}{3} - \frac{1}{4} = \frac{1}{12}$; y $\frac{1}{12}$ de 60 = 5) y la que se encontraba en lo alto habría descendido 2 palmos:

($\frac{1}{5} - \frac{1}{6} = \frac{1}{30}$; y $\frac{1}{30}$ de 60 = 2). Es decir, entre las dos habrían recorrido 7 palmos en esos 60 días. Como la altura de la torre no es 7 sino 100, multiplicamos 60 por 100 y dividimos entre 7. Así, ambas serpientes se encontraran al cabo de $857\frac{1}{7}$ días y a una altura del suelo igual a $71\frac{3}{7}$ (multiplicamos el número de días por $\frac{1}{12}$ que es lo que asciende la serpiente diariamente).

11. CUATRO PIEZAS DE TELA

Un hombre compra 4 piezas de tela por 80 besantes. La segunda le cuesta $\frac{2}{3}$ el precio de la primera. La tercera la compra por $\frac{3}{4}$ del precio de la segunda y la cuarta la compra por $\frac{4}{5}$ del precio de la tercera. ¿Cuánto cuesta cada pieza?

Solución:

Llamemos x al precio de la primera pieza.

La segunda costará $\frac{2}{3}x$.

La tercera costará $\frac{3}{4}$ de $\frac{2}{3}x$, es decir, $\frac{1}{2}x$.

La cuarta costará $\frac{4}{5}$ de $\frac{1}{2}x$, es decir, $\frac{2}{5}x$.

Entonces:

$$x + \frac{2}{3}x + \frac{1}{2}x + \frac{2}{5}x = 80$$

Resolviendo esta ecuación obtenemos que $x = \frac{2400}{77}$.

Por tanto el valor de las cuatro piezas es el siguiente:

Primera pieza: $31\frac{13}{77}$ besantes.

Segunda pieza: $20\frac{60}{77}$ besantes.

Tercera pieza: $15\frac{45}{77}$ besantes.

Cuarta pieza: $12\frac{36}{77}$ besantes.

Fibonacci resuelve el problema usando el método de la falsa posición.
Supone que la primera pieza cuesta 60 besantes. Elige 60 porque es el mínimo común múltiplo de 3, 4 y 5. Entonces, la segunda cuesta los $\frac{2}{3}$ de 60, es decir, 40 besantes. La tercera cuesta, por

tanto, los $\dfrac{3}{4}$ de 40, es decir, 30 besantes y la cuarta cuesta los $\dfrac{4}{5}$ de 30, 24 besantes. Pero si sumamos el precio de las cuatro piezas: 60 + 40 + 30 + 24 = 154. Como queremos que sumen 80 y no 154, multiplicamos las soluciones por 80 y las dividimos entre 154, obteniendo así la solución a nuestro problema:

Primera pieza: $60 \cdot \dfrac{80}{154} = \dfrac{4800}{154} = \dfrac{2400}{77} = 31\dfrac{13}{77}$ besantes.

Segunda pieza: $40 \cdot \dfrac{80}{154} = \dfrac{3200}{154} = \dfrac{1600}{77} = 20\dfrac{60}{77}$ besantes.

Tercera pieza: $30 \cdot \dfrac{80}{154} = \dfrac{2400}{154} = \dfrac{1200}{77} = 15\dfrac{45}{77}$ besantes.

Cuarta pieza: $24 \cdot \dfrac{80}{154} = \dfrac{1920}{154} = \dfrac{960}{77} = 12\dfrac{36}{77}$ besantes.

Fibonacci expresa la solución de la siguiente manera:

Precio de la primera $\dfrac{6}{7}\dfrac{1}{11}31$
Precio de la segunda $\dfrac{4}{7}\dfrac{8}{11}20$
Precio de la tercera $\dfrac{3}{7}\dfrac{6}{11}15$
Precio de la cuarta $\dfrac{1}{7}\dfrac{5}{11}12$

NOTA:

Recordemos que según el método usado por Fibonacci para representar las fracciones, por ejemplo, la expresión $\dfrac{6}{7}\dfrac{1}{11}31$ representa $31 + \dfrac{1}{11} + \dfrac{6}{77}$, es decir, $\dfrac{2400}{77}$ o lo que es lo mismo $31\dfrac{13}{77}$.

12. EL PERRO Y EL ZORRO

Un zorro va 50 pasos por delante de un perro que le persigue. Por cada 6 pasos que da el zorro el perro avanza 9. ¿Tras cuántos pasos el perro alcanza al zorro?

Solución:

Si por cada 6 pasos que da el zorro el perro avanza 9, entonces dividiendo ambas cantidades entre 3, por cada 2 pasos del zorro el perro da 3. Multiplicando ahora ambas cantidades por 50, por cada 100 pasos del zorro el perro da 150, recuperando así los 50 pasos que le sacaba el zorro y alcanzándolo.

13. TRES NÚMEROS QUE SUMAN 10

Halla tres números que sumen 10 de manera que el producto del mayor por el menor número sea igual al producto del otro número por sí mismo.

Solución:

Con los datos del problema podemos establecer las siguientes relaciones:

$$\begin{cases} x + y + z = 10 \\ \quad x \cdot z = y^2 \end{cases}$$

El problema es indeterminado, es decir, admite infinitas soluciones. Hallemos una siguiendo el método usado por Fibonacci. Supongamos que el número menor sea 1 y el intermedio 2. Entonces el mayor sería 4 ya que 1x4=2x2. Pero la suma de estos tres números es 7 y no 10 como se pedía. Obtendremos una solución válida si multiplicamos estos tres números por 10 y los dividimos entre 7. Es decir:

Primer número: $1 \cdot \dfrac{10}{7} = \dfrac{10}{7} = 1\dfrac{3}{7}$

Segundo número: $2 \cdot \dfrac{10}{7} = \dfrac{20}{7} = 2\dfrac{6}{7}$

Tercer número: $4 \cdot \dfrac{10}{7} = \dfrac{40}{7} = 5\dfrac{5}{7}$

Podemos comprobar que:

$$\begin{cases} \dfrac{10}{7} + \dfrac{20}{7} + \dfrac{40}{7} = \dfrac{70}{7} = 10 \\ \quad \dfrac{10}{7} \cdot \dfrac{40}{7} = \left(\dfrac{20}{7}\right)^2 \end{cases}$$

14. CUATRO NÚMEROS QUE SUMAN 10

Halla cuatro números que sumen 10 de manera que el producto del mayor por el menor número sea igual al producto del segundo por el tercero. Y además que el primero por el tercero sea igual al segundo multiplicado por sí mismo y que el segundo multiplicado por el cuarto sea igual al tercero multiplicado por sí mismo.

Solución:

Hallemos una solución siguiendo el método usado por Fibonacci en el problema anterior. Supongamos que el número menor sea 1 y el segundo sea 2. Entonces el tercero será 4 (1 x 4 = 2 x 2), y por tanto el mayor será 8 (2 x 8 = 4 x 4). Pero 1 + 2 + 4 + 8 = 15 y no 10 como se pedía. Pero multiplicando estos cuatro números por 10 y dividiéndolos entre 15 sí obtenemos una solución válida. Así:

Primer número: $1 \cdot \dfrac{10}{15} = \dfrac{2}{3}$

Segundo número: $2 \cdot \dfrac{10}{15} = \dfrac{4}{3} = 1\dfrac{1}{3}$

Tercer número: $4 \cdot \dfrac{10}{15} = \dfrac{8}{3} = 2\dfrac{2}{3}$

Cuarto número: $8 \cdot \dfrac{10}{15} = \dfrac{16}{3} = 5\dfrac{1}{3}$

15. EL LEÓN, EL LEOPARDO Y EL OSO

Un león se come una oveja en 4 horas, un leopardo en 5 y un oso tarda 6 horas. ¿Cuántas horas tardarán en devorarla los tres juntos?

Solución:

En una hora el león se come $\frac{1}{4}$ de la oveja, el leopardo $\frac{1}{5}$ y el oso $\frac{1}{6}$. Por tanto, los tres juntos se comerán $\frac{1}{4}+\frac{1}{5}+\frac{1}{6}=\frac{37}{60}$ de la oveja en una hora, y así, en comerse la oveja entera los tres juntos tardarán $\frac{60}{37}$ horas, es decir, 1 *h* 37' 18" aproximando a segundos.

Fibonacci resuelve este problema calculando el mínimo común múltiplo de 4, 5 y 6 que es 60 y considerando que si un león se come una oveja en 4 horas, en 60 horas se come 15. Asimismo, en esas 60 horas un leopardo se come 12 y un oso 10 ovejas. Por tanto, entre los tres se comerían 15 + 12 + 10 = 37 ovejas en 60 horas. Como queremos saber el tiempo que tardan en devorar una única oveja dividimos 60 entre 37.

Solución: $\frac{60}{37}$ horas ($1\frac{23}{37}$ horas)

16. DOS HORMIGAS QUE SE SIGUEN

Dos hormigas separadas por 100 pasos se mueven en la misma dirección hacia un mismo punto. La primera avanza diariamente $\frac{1}{3}$ de paso y retrocede $\frac{1}{4}$; la otra avanza $\frac{1}{5}$ y retrocede $\frac{1}{6}$. ¿Cuántos días tardarán en encontrarse?

Solución:

En 60 días una hormiga recorre 5 pasos y la que va delante 2 (ver problema 10), por lo tanto cada 60 días la distancia que las separa disminuye 3 pasos. Como la distancia que les separa es 100 y no 3, multiplicamos 60 por 100 y dividimos por 3 obteniendo que ambas hormigas tardarán 2000 días en encontrarse.

NOTA:

Si consideramos que las hormigas primero avanzan y después retroceden, la respuesta correcta entonces es 1999 días).

17. DOS BARCOS AL ENCUENTRO

Dos barcos se encuentran en diferentes puertos. Uno de ellos recorre la distancia que separa ambos puertos en 5 días y el otro, siguiendo el mismo trayecto, en 7. Si salen a la vez, ¿cuántos días tardarán en cruzarse?

Solución:

Si el primer barco tarda en realizar el trayecto entero 5 días, entonces en un día recorre $\frac{1}{5}$ del trayecto. Y por tanto, el segundo barco recorre $\frac{1}{7}$. Entre los dos barcos recorren $\frac{1}{5} + \frac{1}{7} = \frac{12}{35}$ del total del trayecto. Así, tardarán en cruzarse $\frac{35}{12}$ de día, es decir, 2 días y 22 horas.

Fibonacci resuelve este problema de la siguiente manera:
Si un barco tarda 5 días y el otro 7, en 35 días (mínimo común múltiplo de 5 y 7), un barco realiza 7 trayectos y el otro 5. Es decir, entre los dos barcos realizan 12 trayectos en 35 días. Por tanto, en realizar un trayecto tardarán $\frac{35}{12}$ de día. Además, si quieres saber donde se encuentran, el primer barco habrá recorrido $\frac{7}{12}$ del trayecto y el segundo, el más lento, $\frac{5}{12}$.

18. UNA CISTERNA CON 4 DESAGÜES

Una cisterna tiene 4 desagües. El primero la vacía en un día, el segundo en 2, el tercero en 3 y el cuarto en 4. ¿En cuántas horas se vaciará la cisterna si se abren los 4 desagües a la vez?

Solución:

En un día el primer desagüe vacía 1 cisterna, el segundo $\frac{1}{2}$ cisterna, el tercero $\frac{1}{3}$ y el cuarto $\frac{1}{4}$. Todos juntos en un día vaciarían $1 + \frac{1}{2} + \frac{1}{3} + \frac{1}{4} = \frac{25}{12}$ de cisternas. Por tanto, una sola cisterna será vaciada en $\frac{12}{25}$ de día $= 11h$ 31' 12''.

Fibonacci resuelve el problema de un modo parecido. En 12 días (que es el mínimo común múltiplo de 1, 2, 3 y 4) el primer desagüe vaciaría 12 tinajas, el segundo 6, el tercero 4 y el cuarto 3, es decir, que los cuatro desagües juntos vaciarían 25 tinajas en 12 días. Por tanto, para vaciar una sola tinaja se empleará $\frac{12}{25}$ de día.

19. UNA CISTERNA CON GRIFOS Y DESAGÜES

La misma cisterna del problema anterior tiene 4 grifos que traen agua. El primero llena la cisterna en 6 horas, el segundo en 9, el tercero en 24 y el cuarto en 27. Si la cisterna está inicialmente vacía y se abren simultáneamente los 4 grifos mientras los 4 desagües están abiertos, ¿en cuántas horas se llenará la cisterna?

Solución:

Los 4 desagües vacían en una hora: $\dfrac{25}{12} : 24 = \dfrac{25}{288}$ de la cisterna.

Los 4 grifos llenan en una hora: $\dfrac{1}{6} + \dfrac{1}{9} + \dfrac{1}{24} + \dfrac{1}{27} = \dfrac{69}{216}$ de la cisterna.

Por tanto, en una hora se llena $\dfrac{69}{216} - \dfrac{25}{288} = \dfrac{67}{288}$ de la cisterna.

Así, la cisterna se llenará en $\dfrac{288}{67} \approx 4\ h\ 17'\ 55''$.

20. UNA CISTERNA CON 10 DESAGÜES

Una cisterna tiene 10 desagües. El primero la vacía en un día, el segundo en $\frac{1}{2}$ día, el tercero en $\frac{1}{3}$ de día y así sucesivamente. ¿En cuántas horas se vaciará la cisterna si se abren los 10 desagües a la vez?

Solución:

En un día los 10 desagües vaciarían:
1+2+3+4+5+6+7+8+9+10=55 cisternas.
Por tanto, los 10 desagües vaciarán la cisterna en 1/55 de día, es decir, 26' 11''.

21. CUATRO HOMBRES EN UN BARCO

Cuatro hombres cargan su grano en un barco. Cada uno de ellos, con su carga, ocupa un cuarto de la capacidad del barco. Por el transporte el primer hombre da al capitán del barco $\frac{1}{3}$ de su grano, el segundo $\frac{1}{4}$, el tercero $\frac{1}{5}$ y el cuarto $\frac{1}{6}$. Si el capitán recibe 1000 modios de grano, ¿cuál es el peso del grano cargado en el barco?

NOTA:

El modio era una medida de peso para áridos (trigo o cebada) usada por los romanos que equivalía aproximadamente a 8,75 litros, ya que a los áridos se les aplica medidas de capacidad.

Solución:

Llamando x a la cantidad de grano que carga cada hombre en el barco podemos plantear la siguiente ecuación:

$\frac{1}{3}x + \frac{1}{4}x + \frac{1}{5}x + \frac{1}{6}x = 1000$, cuya solución es $x = \frac{60000}{57}$.

Multiplicando por 4 obtenemos el peso del grano cargado en el barco: $\frac{60000 \cdot 4}{57} = 4210\frac{10}{19}$ modios de grano.

Fibonacci para resolver el problema procede de manera similar a anteriores problemas. Calcula el mínimo común múltiplo de 3 ,4 ,5 y 6, que es 60 y calcula el número de modios que hubiera recibido el capitán si cada hombre poseyera 60 modios. En este caso el capitán hubiera recibido 20 + 15 + 12 + 10 = 57 modios. Como recibe 1000 y no 57, multiplica 60 por 1000 y divide entre 57 hallando así la cantidad de grano cargado por cada hombre. Es decir, Fibonacci usa de nuevo el método de la falsa posición.

22. CUATRO HOMBRES EN UN BARCO (II)

Cuatro hombres cargan su grano en un barco. Cada uno de ellos, con su carga, ocupa un cuarto de la capacidad del barco. Por el transporte el primer hombre da al capitán del barco $\frac{1}{3}$ de su grano, el segundo $\frac{1}{4}$, el tercero $\frac{1}{5}$ y el cuarto $\frac{1}{6}$. Si después de pagar al capitán les quedan 1000 modios de grano a los cuatro hombres, ¿cuál es el peso del grano cargado en el barco?

Solución:

Llamando x a la cantidad de grano que carga cada hombre en el barco podemos plantear la siguiente ecuación:
$$4x - (\frac{1}{3}x + \frac{1}{4}x + \frac{1}{5}x + \frac{1}{6}x) = 1000$$, cuya solución es $x = \frac{60000}{183}$.
Multiplicando por 4 obtenemos el peso del grano cargado en el barco: $\frac{60000 \cdot 4}{183} = 1311\frac{29}{61}$ modios de grano.

Fibonacci para resolver el problema procede de manera idéntica al problema anterior. Calcula el mínimo común múltiplo de 3 ,4 ,5 y 6, que es 60 y calcula el número de modios que hubiera recibido el capitán si cada hombre poseyera 60 modios. En este caso el capitán hubiera recibido 20 + 15 + 12 + 10 = 57 modios y la carga total hubiera sido 240. Por tanto, a los cuatro hombres les hubieran quedado 240-57=183 modios de grano. Como les quedan 1000 y no 183, multiplica 60 por 1000 y divide entre 183 hallando así la cantidad de grano cargado por cada hombre.

23. EL SIRVIENTE

Un hombre entra a trabajar para un señor rico. En compensación recibe tres pagas al mes más una cantidad de 10 denarios. La segunda es 2 denarios mayor que la primera y la tercera 2 denarios mayor que la segunda. Sin embargo este mes solo ha podido trabajar 6 días por lo cual recibe la mitad de la primera paga, $\frac{1}{3}$ de la segunda y $\frac{1}{4}$ de la tercera. Si el hombre ha recibido la cantidad adecuada en relación a los días trabajados, ¿a cuánto ascendía el importe de las pagas acordadas?

Solución:

Sea x el importe correspondiente a la primera paga.

Entonces: x + x + 2 + x + 4 + 10 = 3x + 16, es la cantidad mensual que recibe.

Teniendo en cuenta que 6 días es un quinto de mes podemos plantear ahora la siguiente ecuación:

$\frac{1}{5}(3x+16) = \frac{1}{2}x + \frac{1}{3}(x+2) + \frac{1}{4}(x+4)$, cuya solución es $x = 3\frac{5}{29}$.

Por lo tanto las tres pagas ascienden a $3\frac{5}{29}$, $5\frac{5}{29}$ y $7\frac{5}{29}$ denarios.

24. UNA COPA CON TAPA

La base de una copa pesa un tercio de la copa entera, la tapa un cuarto y el resto pesa 15 libras. ¿Cuál es el peso de la copa entera?

Solución:

El peso de la base y el de la tapa son los $\dfrac{7}{12}$ de toda la copa

$(\dfrac{1}{3} + \dfrac{1}{4} = \dfrac{7}{12})$. Por tanto, si la parte que queda $(\dfrac{5}{12})$ pesa 15 libras, entonces la copa entera pesa 36 libras:

$(\dfrac{5}{12}$ de $x = 15 \Rightarrow x = \dfrac{15 \cdot 12}{5} = 36)$.

La base pesa 12 libras y la tapa 9.

25. DOS HOMBRES CON ALGUNOS DENARIOS

Dos hombres tienen algunos denarios, y uno le dice al otro: "Si me dieras uno de tus denarios entonces tendríamos los mismos denarios". El otro responde: "Si me dieras uno de los tuyos yo tendría diez veces los tuyos". ¿Cuántos denarios tienen cada uno?

Solución:

Sean x los denarios del primer hombre e y los del segundo. Entonces:

$$\begin{cases} x + 1 = y - 1 \\ y + 1 = 10(x - 1) \end{cases}$$

siendo la solución; $\begin{cases} x = 1\dfrac{4}{9} \\ y = 3\dfrac{4}{9} \end{cases}$

Fibonacci resuelve el problema usando lo que él denomina el "método del árbol". Su razonamiento es el siguiente:

Si a la cantidad de denarios del primer hombre le añadimos 1, entonces el hombre tiene $\dfrac{1}{2}$ del total de denarios.

De la misma manera, si a la cantidad de denarios del segundo hombre le añadimos 1 éste tiene $\dfrac{10}{11}$ del total de denarios.

Por tanto, hay un "árbol" para el cual $\dfrac{1}{2}$ de él y $\dfrac{10}{11}$ de él excede la longitud total del árbol en dos "palmos". Ahora Fibonacci resuelve esta ecuación usando el método de la falsa posición. Supongamos que la longitud total del árbol fuera 22 (mínimo común múltiplo de 2 y 11). Entonces $\dfrac{1}{2}$ de 22 = 11 y $\dfrac{10}{11}$ de 22 = 20, y 20+11=31 que excede a la longitud total del árbol en 9 palmos (31-22=9). Como excede en 9 y no en 2 como debería, multiplicamos 22 por 2 y dividimos entre 9 hallando así la verdadera longitud del árbol que es $\dfrac{44}{9}$.

Por tanto, la solución al problema es:

El primer hombre tiene: $\dfrac{1}{2}$ de $\dfrac{44}{9} = \dfrac{44}{18} = \dfrac{22}{9}$

$$\dfrac{22}{9} - 1 = \dfrac{13}{9} = 1\dfrac{4}{9}$$

El segundo hombre tiene: $\dfrac{10}{11}$ de $\dfrac{44}{9} = \dfrac{40}{9}$

$$\dfrac{40}{9} - 1 = \dfrac{31}{9} = 3\dfrac{4}{9}$$

26. DOS HOMBRES CON ALGUNOS DENARIOS (II)

Dos hombres tienen algunos denarios, y uno le dice al otro: "Si me dieras 7 denarios entonces tendría cinco veces más denarios que tú". El otro responde: "Si me dieras 5 de los tuyos yo tendría siete veces los tuyos". ¿Cuántos denarios tienen cada uno?

Solución:

Sean x los denarios del primer hombre e y los del segundo. Entonces:

$$\begin{cases} x + 7 = 5(y - 7) \\ y + 5 = 7(x - 5) \end{cases}$$

siendo la solución;

$$\begin{cases} x = 7\dfrac{2}{17} \\ y = 9\dfrac{14}{17} \end{cases}$$

Fibonacci resuelve el problema con lo que él llama segundo método del árbol. Hace una representación gráfica donde cada cantidad de denarios viene representada por un segmento:

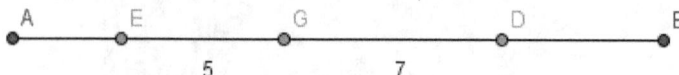

Así:
AG: es la cantidad de denarios del primer hombre.
GB: es la cantidad de denarios del segundo hombre.
GD: 7 denarios.
EG: 5 denarios.
AB: cantidad total (o árbol).

Una vez hecho el planteamiento gráfico Fibonacci razona de la siguiente manera:

Como de acuerdo al enunciado AD = 5DB, entonces DB = $\dfrac{1}{6}$AB.

De la misma manera EB = 7AE entonces AE = $\dfrac{1}{8}$AB.

Sumando ambas cantidades obtenemos:

$$DB + AE = (\frac{1}{6} + \frac{1}{8})AB = \frac{7}{24}AB.$$

Supongamos ahora que AB sea 24. Entonces, DB = 4 y AE = 3 y, por tanto, ED = 24 − 3 − 4 = 17. Pero como ED = 12 multiplicamos la solución anterior por 12 y la dividimos entre 17.

$$\text{Así } AB = \frac{24 \cdot 12}{17}, DB = \frac{24 \cdot 12}{17 \cdot 6} = \frac{48}{17} \text{ y } AE = \frac{24 \cdot 12}{17 \cdot 8} = \frac{36}{17}.$$

Sumando 5 a $\frac{36}{17}$ obtenemos que el primer hombre tiene $7\frac{1}{17}$.

Sumando 7 a $\frac{48}{17}$ obtenemos que el otro hombre tiene $9\frac{14}{17}$.

27. DOS NÚMEROS

Halla dos números enteros tales que $\frac{1}{5}$ del primero sea igual a

$\frac{1}{7}$ del segundo y el producto de $\frac{1}{5}$ del primero por $\frac{1}{7}$ del otro

sea igual a la suma de ambos números.

Solución:

Si llamamos x al primer número e y al segundo, entonces podemos plantear el siguiente sistema de ecuaciones:

$$\begin{cases} \dfrac{1}{5}x = \dfrac{1}{7}y \\ \dfrac{1}{5}x \cdot \dfrac{1}{7}y = x+y \end{cases}$$

Resolviendo el sistema obtenemos que la única solución aparte de la nula (x=y=0) es x=60 e y=84.

Fibonacci resuelve este problema del siguiente modo:
Supongamos que la solución sean los números 5 y 7. Si multiplicamos $\frac{1}{5}$ de 5 por $\frac{1}{7}$ de 7 se obtiene 1. Pero 5+7=12 y no 1. Multiplicando los números anteriores por 12 obtenemos la solución buscada. Así, obtenemos 60 para el primer número y 84 para el segundo. Comprobamos que:

$\frac{1}{5}$ de 60 = 12

$\frac{1}{7}$ de 84 = 12

$$12 \cdot 12 = 60 + 84$$

28. LA BOLSA ENCONTRADA POR DOS HOMBRES

Dos hombres encontraron una bolsa con dinero. El primer hombre dijo al segundo: "Si tomo todos los denarios que hay en la bolsa tendré tres veces los que tú tienes". El otro respondió: "Y si yo junto los denarios que hay en la bolsa con los míos tendré cuatro veces los que tu tienes". ¿Cuántos denarios tiene cada uno y cuántos denarios hay en la bolsa?

NOTA:

Aunque en el enunciado no lo dice, Fibonacci busca la solución con números enteros más pequeña.

Solución:

Sean x los denarios del primer hombre, *y* los del segundo y B los que hay en la bolsa. Por tanto podemos plantear el siguiente sistema:

$$\begin{cases} x + B = 3y \\ y + B = 4x \end{cases}$$, si despejamos x e y en función de B obtenemos:

$$\begin{cases} x = \dfrac{4}{11} B \\ y = \dfrac{5}{11} B \end{cases}$$, cuya solución entera más pequeña

es x = 4 , y = 5 , B = 11, que es la solución dada por Fibonacci.

Fibonacci resuelve el problema del siguiente modo:
Si el primer hombre con los denarios que hay en la bolsa tiene el triple que el segundo, entonces el primer hombre tiene los $\dfrac{3}{4}$ de la cantidad total de denarios (los de los dos hombres más los que hay en la bolsa). De igual manera razona que si el segundo hombre con los denarios que hay en la bolsa tiene el cuádruple que el primero, entonces el segundo hombre tiene los $\dfrac{4}{5}$ de la cantidad total. Como el mínimo común múltiplo de 4 y 5 es 20, supone que esa es la cantidad total de denarios. Por tanto, el primer hombre con los denarios de la bolsa tiene $\dfrac{3}{4}$ de 20 =15 y el segundo $\dfrac{4}{5}$ de 20 =16.

Si sumamos 15+16=31, hallamos la cantidad que tienen los dos hombres y dos veces la cantidad de denarios que hay en la bolsa. La diferencia entre 31 y 20 es la cantidad que hay en la bolsa: 11.

Como el primer hombre con los denarios de la bolsa tiene los $\frac{3}{4}$

de la cantidad total, entonces el segundo hombre tiene $\frac{1}{4}$ del total,

es decir, $\frac{1}{4}$ de 20 = 5 denarios. De igual manera el primer

hombre tiene $\frac{1}{5}$ de 20 = 4 denarios.

Así, el primer hombre tiene 4 denarios, el segundo 5 y en la bolsa hay 11 denarios.

29. LA BOLSA ENCONTRADA POR TRES AMIGOS

Tres hombres encontraron una bolsa con dinero. El primer hombre dijo: "Si tomo todos los denarios que hay en la bolsa tendré el doble que vosotros". El segundo respondió: "Y si yo junto los denarios que hay en la bolsa con los míos tendré el triple veces de denarios que vosotros". El tercero añadió: "Con mis denarios y con los que hay en la bolsa tendré el cuádruple de los que tenéis vosotros ahora".
¿Cuántos denarios tiene cada uno y cuántos denarios hay en la bolsa?

Solución:

Sean x los denarios del primer hombre, y los del segundo, z los del tercero y B los que hay en la bolsa. Por tanto podemos plantear el siguiente sistema:

$$\begin{cases} x + B = 2(y + z) \\ y + B = 3(x + z) \\ z + B = 4(x + y) \end{cases}$$

Despejando x, y, z en función de B obtenemos:

$$\begin{cases} x = \dfrac{7}{73}B \\ y = \dfrac{17}{73}B \\ z = \dfrac{23}{73}B \end{cases}$$, cuya solución entera más pequeña

es x = 7, y = 17, z = 23, B = 73, que es la solución dada por Fibonacci.

Fibonacci resuelve este problema de manera análoga al anterior. Si el primer hombre con los denarios que hay en la bolsa tiene el doble que el segundo más el tercero entonces el primer hombre tiene los $\dfrac{2}{3}$ de la cantidad total de denarios (la de los tres hombres más los que hay en la bolsa).
Usando la notación actual podríamos escribir:
x + B = $\dfrac{2}{3}$ T, siendo T la cantidad total de denarios.

Análogamente razona que:

$$y + B = \frac{3}{4}T$$

$$z + B = \frac{4}{5}T$$

Como el mínimo común múltiplo de 3, 4 y 5 es 60, supone que ésa es la cantidad total de denarios y calcula:

$x + B = 40$

$y + B = 45$

$z + B = 48$

Sumando esas tres cifras sale 133, que es la cantidad de denarios de los tres hombres más tres veces los denarios que hay en la bolsa. Por tanto, la diferencia entre 133 y 60, es decir, 73, es el doble de la cantidad de denarios de la bolsa. Luego en la bolsa hay $\frac{73}{2}$ denarios. Como buscamos una solución entera multiplicamos por 2 a 60 y así en la bolsa hay 73 denarios, y además:

$x + B = 80$ $x = 7$

$y + B = 90$ y como B = 73, entonces $y = 17$

$z + B = 96$ $z = 23$

30. **DOS HOMBRES Y DOS BOLSAS CON BESANTES**

Dos hombres encontraron dos bolsas con besantes. En la segunda había 13 besantes más que en la primera. El primer hombre le dice al segundo: "Si tomo todos los besantes que hay en la primera bolsa tendré el doble que tú". El segundo respondió: "Y si yo junto los besantes que hay en la segunda bolsa con los míos tendré el triple de besantes que tú". ¿Cuántos besantes tiene cada uno y cuántos besantes hay en cada bolsa?

Solución:

Sean x los besantes del primer hombre, y los del segundo, B_1 los que hay en la primera bolsa y B_2 los de la segunda. Por tanto, podemos plantear el siguiente sistema:

$$\begin{cases} B_2 = B_1 + 13 \\ x + B_1 = 2y \\ y + B_2 = 3x \end{cases}$$

Despejando $\begin{cases} x = \dfrac{3B_1 + 26}{5} \\ y = \dfrac{x + B_1}{2} \end{cases}$, cuya solución entera más pequeña es

$B_1 = 3$, $x = 7$, $y = 5$, $B_2 = 16$ (que es la dada por Fibonacci).

Veamos el método usado por Fibonacci para resolver el problema: Puesto que el primer hombre con la primera bolsa tiene el doble que el segundo entonces el primer hombre tiene $\dfrac{2}{3}$ de la suma de los besantes de los dos hombres más los de la primera bolsa. Con la notación actual sería:

$$x + B_1 = \frac{2}{3}\left(x + y + B_1\right)$$

Por la misma razón el segundo hombre con la segunda bolsa tiene $\dfrac{3}{4}$ de la suma de los besantes de los dos hombres más los de la segunda bolsa. Es decir:

$$y + B_2 = \frac{3}{4}\left(x + y + B_2\right)$$

Como busca una solución entera, se trata de encontrar dos números tales que el primero sea divisible por 3, el segundo sea divisible por 4 y que además el segundo sea 13 unidades mayor que el primero.

Múltiplos de 3: 3, 6, 9, 12, 15, 18...

Múltiplos de 4: 4, 8, 12, 16, 20, 24, 28...

Los números buscados son 15 y 28.

Por tanto:

$$x + y + B_1 = 15 \Rightarrow x + B_1 = \frac{2}{3} \cdot 15 = 10 \Rightarrow y = 5$$

$$x + y + B_2 = 28 \Rightarrow y + B_2 = \frac{3}{4} \cdot 28 = 21 \Rightarrow x = 7$$

Además $B_1 = 3$ y $B_2 = 16$.

31. DOS HOMBRES Y UN CABALLO EN VENTA

Dos hombres desean comprar un caballo pero ninguno de ellos posee suficiente dinero para hacerlo. El primero dice al segundo: "Si me das $\dfrac{1}{3}$ de tus besantes entonces puedo comprar el caballo". El segundo responde: "Si me das $\dfrac{1}{4}$ de tus besantes yo también tendré besantes suficientes para comprar el caballo". ¿Cuál es el precio del caballo y cuántos besantes posee cada uno de los dos hombres?

Solución:

Sean x los besantes del primer hombre, *y* los del segundo y C el precio del caballo. Podemos plantear el siguiente sistema de ecuaciones:

$$\begin{cases} x + \dfrac{1}{3}y = C \\ y + \dfrac{1}{4}x = C \end{cases}$$

Despejando $\begin{cases} x = \dfrac{8}{11}C \\ y = \dfrac{9}{11}C \end{cases}$, cuya solución entera más pequeña es x =

8, y = 9, C = 11 (que es la dada por Fibonacci).

32. DOS HOMBRES Y DOS CABALLOS

Dos hombres desean comprar dos caballos. El segundo caballo cuesta dos besantes más que el primero. El primer hombre dice al segundo: "Si me das $\dfrac{1}{3}$ de tus besantes entonces puedo comprar el primer caballo". El segundo responde: "Si me das $\dfrac{1}{4}$ de tus besantes yo tendré besantes suficientes para comprar el segundo caballo". ¿Cuál es el precio de los caballos y cuántos besantes posee cada uno de los dos hombres?

Solución:

Sean x los besantes del primer hombre, y los del segundo, C_1 el precio del primer caballo y C_2 el precio del segundo caballo. Podemos plantear el siguiente sistema de ecuaciones:

$$\begin{cases} C_2 = C_1 + 2 \\ x + \dfrac{1}{3}y = C_1 \\ y + \dfrac{1}{4}x = C_2 \end{cases}$$

Despejando $\begin{cases} x = \dfrac{8(C_1 - 1)}{11} \\ y = 3(C_1 - x) \\ C_2 = C_1 + 2 \end{cases}$, cuya solución entera más pequeña

es:
$C_1 = 12$, x = 8, y = 12, $C_2 = 14$ (que es la dada por Fibonacci).

33. UN COMERCIANTE DE PISA

Un hombre llegado a Lucca por negocios consiguió el doble del dinero traído y allí gastó 12 denarios. De Lucca se dirigió a Florencia donde dobló de nuevo el dinero traído y gastó 12 denarios. De Florencia regresó a Pisa donde nuevamente consiguió doblar el dinero que traía y gastó 12 denarios, no quedándole nada de dinero después. ¿Cuánto denarios tenía el hombre al inicio de este viaje?

Solución:

Sea x el número de denarios que poseía el hombre a su llegada a Lucca.
Cuando sale de Lucca tiene 2x-12.
A su salida de Florencia tiene $2(2x - 12) - 12 = 4x - 36$.
En Pisa tiene:
$$2(4x - 36) - 12 = 0 \Rightarrow 8x - 84 = 0 \Rightarrow x = \frac{84}{8} = 10,5.$$
Por tanto la solución es 10,5 denarios.

Otro método es calcular cuántos denarios tenía antes de llegar a cada ciudad empezando por el final.
Antes de llegar a Pisa tenía 6 ($(2 \cdot 6 - 12 = 0)$.
Antes de llegar a Florencia tenía 9 $(2 \cdot 9 - 12 = 6)$
Antes de llegar a Lucca tenía 10,5 $(2 \cdot 10,5 - 12 = 9)$

Fibonacci resuelve este problema en el capítulo 13 del Liber Abaci usando el método de la doble falsa posición:
Supongamos que el hombre llega a Lucca con 12 denarios.
Cuando sale de Lucca tiene $2 \cdot 12 - 12 = 12$ denarios. Cuando sale de Florencia tiene $2 \cdot 12 - 12 = 12$ denarios y en Pisa tiene 12.
Fibonacci hace ahora una segunda hipótesis:
Supongamos que el hombre llega a Lucca con 11 denarios.
Cuando sale de Lucca tiene $2 \cdot 11 - 12 = 10$ denarios. Cuando sale de Florencia tiene $2 \cdot 10 - 12 = 8$ denarios y en Pisa tiene $2 \cdot 8 - 12 = 4$ denarios. Y razona:
Si disminuyendo un denario la cantidad inicial que posee el hombre la cantidad final ha disminuido 8 denarios, para que la cantidad final disminuya 4 denarios más, la cantidad inicial debe disminuir $\frac{1}{2}$ denario. Con lo cual $11 - \frac{1}{2} = 10\frac{1}{2}$ denarios.

34. DOS HOMBRES QUE TRANSPORTAN LANA

Un hombre carga 13 balas de lana en un barco y otro 17 del mismo precio. Al llegar a destino el dueño del barco les pide que abonen las tasas por la carga transportada. Como no tienen dinero para pagar, el primer hombre el dice al dueño: "Toma una de mis balas de lana y dame lo que sobre". El dueño del barco cogió la bala de lana y le devolvió 10 sueldos. El segundo hombre, que tampoco tenía dinero, le da al dueño del barco otra bala de lana y el dueño le devuelve 3 sueldos. ¿Cuál es el valor de una bala de lana y cuánto cuesta su transporte?

NOTA:

El peso de una "bala" de lana era en un principio el fardo que podía transportar un caballo de carga.

Solución:

Sea x el valor de una bala de lana en sueldos. El primer hombre ha pagado por el transporte de 13 balas x-10 sueldos y el otro por 17 balas ha pagado x-3 sueldos. Podemos establecer la siguiente ecuación, teniendo en cuenta que a los dos hombres les pagan lo mismo por cada bala de lana transportada:

$\dfrac{x-10}{13} = \dfrac{x-3}{17}$, cuya solución es $x = 32\dfrac{3}{4}$ sueldos, 32 sueldos y 9 denarios, que es el valor de una bala de lana.

Además, el transporte de cada bala cuesta:

$\dfrac{32 + \dfrac{3}{4} - 10}{13} = \dfrac{91}{52} = 1\dfrac{39}{52} = 1\dfrac{3}{4}$ sueldo = 1 sueldo y 9 denarios.

Fibonacci resuelve este problema usando un sencillo método:
El segundo hombre transporta 4 balas más que el primero y paga 7 sueldos más. Por tanto, el transporte de una bala de lana es $\dfrac{7}{4}$.

El transporte de las 13 balas del primer hombre cuestan $13 \cdot \dfrac{7}{4} = \dfrac{91}{4} = 22\dfrac{3}{4}$, es decir, 22 sueldos y 9 denarios. Como el dueño del barco cogió una bala y le devolvió 10 sueldos, el valor de una bala de lana es 32 sueldos y 9 denarios.

35. DOS PESCADORES Y UNA ADUANA

Un hombre tiene 12 peces y otro 13, todos del mismo valor. El agente de aduanas exige al primer hombre un pez y 12 denarios. Al segundo le pide 2 peces pero le devuelve 7 denarios. ¿Cuál es la tasa por cada pez y cuánto vale un pez?

Solución:

Sea p el precio de un pez. Podemos establecer la siguiente ecuación teniendo en cuenta la tasa por pez pagada por cada hombre:

$$\frac{p+12}{12} = \frac{2p-7}{13}, \text{ cuya solución es } p = \frac{240}{11} = 21\frac{9}{11}.$$

Y por tanto la tasa por cada pez es $\dfrac{\frac{240}{11}+12}{12} = 2\frac{9}{11}$

36. LAS MANZANAS DEL JARDÍN

Un hombre entra al jardín del placer a través de 7 puertas y coge allí un cierto número de manzanas. Para salir debe pagar a los guardianes de cada puerta. Al primer guardián le da la mitad de las manzanas que lleva más una. Al segundo guardián le da la mitad de las manzanas que le quedan más una. Hace lo mismo con los guardianes de cada una de las cinco puertas que le faltan. Cuando sale le queda una manzana. ¿Cuántas manzanas había tomado en un principio?

Solución:

Averigüemos cuántas manzanas tenía el hombre antes de cruzar cada puerta, pero empezando desde la última puerta hasta llegar a la primera:

Al final tiene 1 manzana.

Antes de la última puerta tiene $(1+1)\cdot 2 = 4$ manzanas.

Antes de la sexta puerta tiene $(4+1)\cdot 2 = 10$ manzanas.

Antes de la quinta puerta tiene $(10+1)\cdot 2 = 22$ manzanas.

Antes de la cuarta puerta tiene $(22+1)\cdot 2 = 46$ manzanas.

Antes de la tercera puerta tiene $(46+1)\cdot 2 = 94$ manzanas.

Antes de la segunda puerta tiene $(94+1)\cdot 2 = 190$ manzanas.

Antes de la primera puerta tiene $(190+1)\cdot 2 = 382$ manzanas.

Por tanto el hombre había tomado 382 manzanas en el jardín.

El problema también se puede resolver mediante el uso de ecuaciones pero el proceso resulta más largo y complicado. Llamamos x al número de manzanas que coge el hombre y vamos calculando cuántas manzanas tiene el hombre antes de cruzar cada puerta.

	Número de manzanas antes de cruzar la puerta	Número de manzanas que da al portero
Puerta 1	x	$\dfrac{x}{2}+1$
Puerta 2	$x-\left(\dfrac{x}{2}-1\right)=\dfrac{x-2}{2}$	$\dfrac{x-2}{4}+1$
Puerta 3	$\dfrac{x-2}{2}-\left(\dfrac{x-2}{4}+1\right)=\dfrac{x-6}{4}$	$\dfrac{x-6}{8}+1$
Puerta 4	$\dfrac{x-6}{4}-\left(\dfrac{x-6}{8}+1\right)=\dfrac{x-14}{8}$	$\dfrac{x-14}{16}+1$
Puerta 5	$\dfrac{x-14}{8}-\left(\dfrac{x-14}{16}+1\right)=\dfrac{x-30}{16}$	$\dfrac{x-30}{32}+1$
Puerta 6	$\dfrac{x-30}{16}-\left(\dfrac{x-30}{32}+1\right)=\dfrac{x-62}{32}$	$\dfrac{x-62}{64}+1$
Puerta 7	$\dfrac{x-62}{32}-\left(\dfrac{x-62}{64}+1\right)=\dfrac{x-126}{64}$	$\dfrac{x-126}{128}+1$

Así después de cruzar la última puerta el hombre tendrá:

$$\dfrac{x-126}{64}-\left(\dfrac{x-126}{128}+1\right)=\dfrac{x-254}{128}\ \text{manzanas}$$

Como solo le queda una manzana:

$\dfrac{x-254}{128}=1$, de donde x = 382 manzanas.

37. LA HERENCIA

Un hombre, aproximándose al final de su vida, llamó a su hijo mayor y le dijo: "Mis bienes serán repartidos del siguiente modo: tú obtendrás un besante y $\frac{1}{7}$ de los restantes besantes". Al segundo hijo le dijo:"A ti te corresponden 2 besantes y $\frac{1}{7}$ de los restantes". Al tercer hijo le dijo que le correspondían 3 besantes y $\frac{1}{7}$ de los restantes. Así les dijo a todos sus hijos en orden decreciente de edad, dando a cada uno un besante más que al anterior y $\frac{1}{7}$ de los que quedaban. Al último hijo le tocó lo que quedaba después del reparto. Al finalizar el reparto, los hijos se dieron cuenta que todos habían recibido los mismos besantes. ¿Cuántos hijos tenía dicho hombre y cuántos besantes recibió cada uno?

Solución:

Sea x el número total de besantes a repartir.

Al primer hijo le tocan $1 + \frac{1}{7}(x-1) = \frac{x+6}{7}$.

Ahora quedan para repartir $x - \frac{x+6}{7} = \frac{6(x-1)}{7}$

Al segundo hijo le tocan $2 + \frac{1}{7}\left(\frac{6(x-1)}{7} - 2\right) = \frac{6x+78}{49}$

Como a cada hijo les toca lo mismo, entonces:

$\frac{x+6}{7} = \frac{6x+78}{49}$, cuya solución es $x = 36$.

Sustituyendo x en la primera expresión: $\frac{36+6}{7} = 6$. A cada hijo le corresponden 6 besantes y por tanto, hay 6 hijos ($\frac{36}{6} = 6$).

38. LA HERENCIA(II)

Un hombre, aproximándose al final de su vida, llamó a su hijo mayor y le dijo: "Mis bienes serán repartidos del siguiente modo: tú obtendrás $\frac{1}{7}$ de mis besantes más 1 besante". Al segundo hijo le dijo:"A ti te corresponden $\frac{1}{7}$ de los restantes besantes más 2 besantes". Al tercer hijo le dijo que le correspondían $\frac{1}{7}$ de los besantes que quedaban más 3 besantes. Así les dijo a todos sus hijos en orden decreciente de edad, dando a cada uno $\frac{1}{7}$ de los besantes que quedaban y un besante más que al anterior. Después del reparto los hijos se dieron cuenta que todos habían recibido los mismos besantes. ¿Cuántos hijos tenía dicho hombre y cuántos besantes recibió cada uno?

Solución:

Sea x el número total de besantes a repartir.

Al primer hijo le tocan $\frac{1}{7}x + 1 = \frac{x+7}{7}$.

Ahora quedan para repartir $x - \frac{x+7}{7} = \frac{6x-7}{7}$

Al segundo hijo le tocan $\frac{1}{7}\left(\frac{6x-7}{7}\right) + 2 = \frac{6x+91}{49}$

Como a cada hijo les toca lo mismo, entonces:

$\frac{x+7}{7} = \frac{6x+91}{49}$, cuya solución es $x = 42$.

Sustituyendo x en la primera expresión: $\frac{42+7}{7} = 7$. A cada hijo le corresponden 7 besantes y por tanto, hay 6 hijos ($\frac{42}{7} = 6$).

39. UN MÚLTIPLO DE 7

¿Cuál es el número más pequeño que dividido entre 2, 3, 4, 5 ó 6 da de resto 1 y es exactamente divisible por 7?

Solución:

Calculamos el mínimo común múltiplo de 2, 3, 4, 5 y 6 que es 60. Si le sumamos 1 obtenemos 61 que dividido por 2, 3, 4, 5 y 6 da de resto 1. Pero 61 no es exactamente divisible por 7. Así que sumamos 1 a los sucesivos múltiplos de 60 (121, 181, 241, 301...) hasta obtener un número que sea múltiplo de 7. Dicho número es el 301.

40. UN MÚLTIPLO DE 7 (II)

¿Cuál es el número más pequeño que dividido por 2 da de resto 1, dividido por 3 da de resto 2, por 4 da de resto 3, por 5 da de resto 4 por 6 da de resto 5 y es exactamente divisible por 7?

Solución:

Calculamos el mínimo común múltiplo de 2, 3, 4, 5 y 6 que es 60. Si le restamos 1 obtenemos 59 que dividido por 2 da de resto 1, dividido por 3 da de resto 2, por 4 da de resto 3, por 5 da de resto 4 y por 6 da de resto 5. Pero 59 no es exactamente divisible por 7. Así que restamos 1 a los sucesivos múltiplos de 60 (119...) hasta obtener un número que sea múltiplo de 7. Dicho número es el 119.

41. <u>DOS HOMBRES QUE TIENEN 5 PANES</u>

Dos hombres van de paseo hasta una fuente. Allí se disponen a almorzar. Uno de los hombres tiene 3 panes y el otro 2. Ven a un soldado y le invitan a unirse a ellos. Todos comen el mismo pan y el soldado, al marchar, les entrega 5 besantes por el pan recibido. ¿Cómo deben repartirse los besantes los dos hombres?

Solución:

Como tienen 5 panes a repartir entre 3 personas cada uno come $\frac{5}{3}$ de pan.

El primer hombre tiene 3 panes, por tanto da al soldado:

$3 - \frac{5}{3} = \frac{4}{3}$ de pan, es decir un pan y $\frac{1}{3}$ de otro.

El otro hombre, que tiene 2 panes, da al soldado:

$2 - \frac{5}{3} = \frac{1}{3}$ de pan.

Como el primer hombre da al soldado el cuádruple de pan que el segundo, debe recibir el cuádruple de besantes. Así, el primer hombre debe recibir 4 besantes y el segundo 1.

42. LAS PAREJAS DE CONEJOS

Un hombre coloca una pareja de conejos de un mes de edad en un recinto cerrado para ver cuántos descendientes producen en el curso de un año, y se supone que cada mes, a partir del segundo mes de su vida, cada pareja de conejos da origen a una nueva. ¿Cuántas parejas habrá al cabo de un año?

Solución:

Como la primera pareja se reproduce en el primer mes, al cabo de un mes hay 2 parejas. Una de éstas, la primera, se reproduce en el segundo mes, y así al cabo de dos meses hay 3 parejas. De éstas, dos parejas se reproducen ese mes y así, al cabo de tres meses hay 5 parejas (3+2). De estas cinco parejas, en el siguiente mes se reproducen 3, por tanto al cabo de cuatro meses hay 8 parejas (5+3). Siguiendo este razonamiento Fibonacci concluye que para hallar las parejas de conejos que hay al final de cada mes basta sumar las parejas de conejos de los dos meses precedentes.

Es fácil seguir el planteamiento utilizado por Fibonacci para resolver el problema si usamos una tabla:

Mes	Parejas fértiles	Parejas no fértiles	Total
0	1	0	1
1	1	1	2
2	2	1	3
3	3	2	5
4	5	3	8
5	8	5	13
6	13	8	21
7	21	13	34
8	34	21	55
9	55	34	89
10	89	55	144
11	144	89	233
12	233	144	377

Por lo que el número de parejas de conejos que habrá al cabo de un año serán 377.

NOTA:

Hoy en día se recuerda sobre todo a Fibonacci por la sucesión: 1, 1, 2, 3, 5, 8, 13, 21, 34... en la que cada término de la misma se halla sumando los dos precedentes. La sucesión aparece en muy distintas áreas de la ciencia. Sin embargo, no hay constancia de que Fibonacci estudiara posteriormente esta sucesión. Además, en la resolución del problema, Fibonacci omite el primer término de la sucesión.

43. CUATRO HOMBRES CON DENARIOS

Hay 4 hombres. Entre el primero, el segundo y el tercero tienen 27 denarios. El segundo, el tercero y el cuarto tienen 31 denarios; el tercero, el cuarto y el primero tienen 34 denarios; el cuarto, el primero y el segundo tienen 37 denarios. ¿Cuántos denarios tiene cada uno?

Solución:

Llamamos x, y, z, t a los denarios que poseen cada uno de los hombres y planteamos el siguiente sistema de ecuaciones:

$$\begin{cases} x + y + z \quad\;\; = 27 \\ \quad\;\; y + z + t = 31 \\ x + \quad\;\; z + t = 34 \\ x + y + \quad\;\; t = 37 \end{cases}$$

Si sumamos las cuatro ecuaciones obtenemos:

$3x + 3y + 3z + 3t = 129$
Y por tanto:
$x + y + z + t = 43$
Restando a esta ecuación las anteriores obtenemos que:

$$\begin{cases} x = 43 - 31 = 12 \\ y = 43 - 34 = 9 \\ z = 43 - 37 = 6 \\ t = 43 - 27 = 16 \end{cases}$$

Primero: 12
Segundo: 9
Tercero: 6
Cuarto: 16

44. LAS CUATRO PESAS

Un comerciante tiene una balanza de dos platos y cuatro pesas. Con éstas puede pesar cualquier objeto cuyo peso sea un número entero entre 1 y 40 libras. ¿Cuál es el peso de cada una de las cuatro pesas?

Solución:

Fibonacci escribe:
"La primera pesa debe de ser de 1 libra y así se puede pesar 1 libra. La segunda es el doble de la primera más 1 libra, es decir, es de 3 libras, o sea, el triple de la primera. Con estas dos pesas podemos pesar de 1 a 4 libras.
La tercera pesa es el doble de las dos anteriores más 1 libra, es decir, 9 libras, o sea, el triple de la segunda, 9.
La cuarta pesa es el doble de la suma de las tres anteriores más una libra, es decir, es de 27 libras, o sea, el triple de la tercera.
Estas cuatro pesas juntas suman 40 libras".
Fibonacci añade posteriormente varios ejemplos para calcular determinados pesos. Por ejemplo dice: "Si se desea pesar 14 libras se pone en un platillo de la balanza la cuarta pesa y en el otro las tres primeras pesas: (14 = 27 – 1 – 3 - 9).
Para pesar 16 libras se ponen las pesas de 27 y 1 libras en un platillo y las de 9 y 3 en el otro (16 = 27 + 1 – 9 - 3).
Para pesar 22 libras podemos en un platillo las de 27, 3 y 1 libras y en el otro la de 9 (22= 27+3+1-9)".

45. LAS CINCO PESAS

Si añadimos a las pesas del problema anterior una quinta pesa, ¿cuál será el peso de ésta última? ¿Cuántas libras podremos pesar ahora?

Solución:

En el problema anterior las pesas pesaban 1, 3, 9 y 27 libras, es decir, las cuatro primeras potencias de 3. Por tanto, la quinta pesa ha de ser de 81 libras (3^5) y podremos pesar cualquier cantidad entre 1 y 121 libras (121=1+3+9+27+81).
Siguiendo este mismo procedimiento y añadiendo pesas cuyo peso fueran las sucesivas potencias de 3 podríamos llegar a pesar cualquier número de libras que nos fuera propuesto.

NOTA:

Cualquier número puede ser expresado como suma o resta de potencias de 3.
Veamos un ejemplo:

$$35 = 3 \cdot 12 - 1 = 3 \cdot (3 \cdot 4) - 1 = 3^2 \cdot (3 + 1) - 1 = 3^3 + 3^2 - 3^0$$

Se puede conseguir el mismo objetivo dividiendo por 3 el número 35 y los sucesivos cocientes obtenidos. Basta tener en cuenta que si el resto de alguna división es 2 se debe modificar el cociente para obtener -1 de resto.

$$
\begin{array}{r|l}
35 & 3 \\
\hline
-1 & 12 \quad | \quad 3 \\
 & 0 \quad\; 4 \quad | \quad 3 \\
 & \quad\;\; 1 \quad\; 1
\end{array}
$$

El último cociente obtenido y los restos de las sucesivas divisiones son los coeficientes de las sucesivas potencias de 3. Es decir:

$$35 = 1 \cdot 3^3 + 1 \cdot 3^2 + 0 \cdot 3^1 - 1 \cdot 3^0$$

Es decir, para pesar 35 libras colocaríamos las pesas de 27 y 9 libras a un lado y la de 1 libra al otro.

46. <u>DOS HOMBRES QUE TENÍAN MANZANAS</u>

Un hombre que tenía 10 manzanas y otro que tenía 30 fueron juntos a un mercado para venderlas. Las pusieron a la venta al mismo precio. Luego fueron a otro mercado e hicieron lo mismo. Si al acabar el día los dos habían obtenido la misma suma de dinero, ¿cuál era el precio de las manzanas en cada mercado? ¿Cuántas manzanas vendió cada uno en cada mercado?

Solución:

Llamamos x al número manzanas que vende el hombre que tiene 10 manzanas en el primer mercado e y al número de manzanas que vende el hombre que tiene 30 manzanas en el primer mercado.

Llamamos p_1 al precio de las manzanas en el primer mercado y p_2 al precio en el segundo mercado.

Como ambos hombres obtienen la misma cantidad de dinero podemos establecer la siguiente ecuación:

$$p_1 \cdot x + p_2 \cdot (10 - x) = p_1 \cdot y + p_2 \cdot (30 - y)$$

Vamos a despejar p_2:

$$p_2 \cdot (y - x - 20) = p_1 \cdot (y - x)$$

$$p_2 = p_1 \cdot \frac{y - x}{y - x - 20}$$

Si suponemos que en el primer mercado las manzanas son vendidas al precio de 1 denario, entonces:

$$p_2 = \frac{y - x}{y - x - 20}$$

Como buscamos soluciones enteras y además $0 \le x \le 10$, $0 \le y \le 30$ entonces y-x ha de ser un número mayor que 20 (ya que el denominador y-x-20 tiene que ser mayor que 0) y menor o igual que 30.

Las posibles soluciones para p_2 son:

$$\frac{30}{10} ; \frac{29}{9} ; \frac{28}{8} ; \frac{27}{7} ; \frac{26}{6} ; \frac{25}{5} ; \frac{24}{4} ; \frac{23}{3} ; \frac{22}{2} ; \frac{21}{1}$$

Es decir las soluciones enteras para p_2 son:
3, 5, 6, 11 y 21.

Calculemos ahora las posibles soluciones al problema para los diferentes precios obtenidos:

Para $p_2=3$:

Manzanas vendidas por H_1 en M_1 (x)	Manzanas vendidas por H_1 en M_2 (10-x)	Manzanas vendidas por H_2 en M_1 (y)	Manzanas vendidas por H_2 en M_2 (30-y)	Recaudación obtenida
0	10	30	0	30

Para $p_2=5$:

Manzanas vendidas por H_1 en M_1 (x)	Manzanas vendidas por H_1 en M_2 (10-x)	Manzanas vendidas por H_2 en M_1 (y)	Manzanas vendidas por H_2 en M_2 (30-y)	Recaudación obtenida
0	10	25	5	50
1	9	26	4	46
2	8	27	3	42
3	7	28	2	38
4	6	29	1	34
5	5	30	0	30

Para $p_2=6$:

Manzanas vendidas por H_1 en M_1 (x)	Manzanas vendidas por H_1 en M_2 (10-x)	Manzanas vendidas por H_2 en M_1 (y)	Manzanas vendidas por H_2 en M_2 (30-y)	Recaudación obtenida
0	10	24	6	60
1	9	25	5	55
2	8	26	4	50
3	7	27	3	45
4	6	28	2	40
5	5	29	1	35
6	4	30	0	30

Para $p_2=11$:

Manzanas vendidas por H_1 en M_1 (x)	Manzanas vendidas por H_1 en M_2 (10-x)	Manzanas vendidas por H_2 en M_1 (y)	Manzanas vendidas por H_2 en M_2 (30-y)	Recaudación obtenida
0	10	22	8	110
1	9	23	7	100
2	8	24	6	90
3	7	25	5	80
4	6	26	4	70
5	5	27	3	60
6	4	28	2	50
7	3	29	1	40
8	2	30	0	30

Para $p_2=21$:

Manzanas vendidas por H_1 en M_1 (x)	Manzanas vendidas por H_1 en M_2 (10-x)	Manzanas vendidas por H_2 en M_1 (y)	Manzanas vendidas por H_2 en M_2 (30-y)	Recaudación obtenida
0	10	21	9	210
1	9	22	8	190
2	8	23	7	170
3	7	24	6	150
4	6	25	5	130
5	5	26	4	110
6	4	27	3	90
7	3	28	2	70
8	2	29	1	50
9	1	30	0	30

Si el precio de las manzanas en el primer mercado, p_1, no fuera 1 sino cualquier otro número entero, bastaría multiplicar las soluciones obtenidas anteriormente para p_2 por dicho número.

Por ejemplo, si $p_1=2$, entonces p_2 podría ser ahora 6, 10, 12, 22 ó 42 y los resultados obtenidos en tablas anteriores serían los mismos excepto la recaudación que sería el doble.

También podríamos encontrar otras nuevas soluciones enteras. Por ejemplo para $p_1=3$ p_2 podría ser ahora 9, 15, 18, 33,63 pero además habría otras dos soluciones enteras:

$$\frac{26}{6} \cdot 3 = 13 \text{ y } \frac{23}{3} \cdot 3 = 23$$

Para estas nuevas soluciones habría que hallar las manzanas vendidas por cada uno en cada uno de los dos mercados. Así pues, por ejemplo, para $p_1=3$ y $p_2=13$:

Manzanas vendidas por H_1 en M_1 (x)	Manzanas vendidas por H_1 en M_2 (10-x)	Manzanas vendidas por H_2 en M_1 (y)	Manzanas vendidas por H_2 en M_2 (30-y)	Recaudación obtenida
0	10	26	4	130
1	9	27	3	120
2	8	28	2	110
3	7	29	1	100
4	6	30	0	90

47. LAS POTENCIAS DE DOS

¿Cuánto vale la suma de la sucesión de potencias de dos (desde 2^0 hasta 2^{63}) escritas en un tablero de ajedrez?

NOTA:

Este famoso problema está ligado a la leyenda del invento del ajedrez. Cuando un joven inventó el ajedrez, quiso el monarca de Persia conocer y premiar al inventor. El joven pidió lo siguiente: 1 grano de trigo por la primera casilla del tablero de ajedrez, 2 por la segunda, 4 por la tercera y así sucesivamente, siempre doblando, hasta la última de las 64 casillas. El rey muy tranquilo, pidió a los matemáticos del reino que calcularan el número de granos de trigo que debían pagarse al joven. ¡Ni con todo el trigo del mundo se podía pagar al joven!

Solución:

Se trata de calcular la suma:

$S = 1 + 2 + 4 + ... + 2^{63}$

Multiplicando por 2 a todos los miembros de la anterior suma obtenemos:

$2 \cdot S = 2 + 4 + 8 + ... + 2^{64}$

Si restamos ambas expresiones obtenemos que:

$S = 2^{64} - 1 = 18446744073709551615$

Veamos el interesante método seguido por Fibonacci para resolver este problema y el ejemplo que propone para hacernos ver la magnitud del resultado obtenido:
Queremos calcular la suma de la serie de las potencias de dos. En cada casilla tenemos el doble que en la anterior. Por ejemplo, 1 en la primera, 2 en la segunda, en la tercera 4, en la cuarta 8. Sumando las cuatro casillas nos da 15, que es 1 menos que 16, el resultado de la siguiente casilla. Si multiplicamos 16 por sí mismo obtenemos 256, que es 1 más que la suma de las potencias de dos colocadas en la primera fila del tablero (8 casillas):

1	2	4	8	16	32	64	128

Si multiplicamos 256 por sí mismo obtenemos 65536, que es 1 más que la suma de las dos primeras filas del tablero. Por la misma razón si multiplicamos 65536 por sí mismo obtenemos

4294967296, que es 1 más que la suma de las cuatro primeras filas del tablero. Y si multiplicamos 4294967296 por sí mismo obtenemos 18446744073709551616, que es 1 más de la suma de las potencias de dos de todo el tablero.

Veamos cómo podemos hacer para entender la magnitud de dicho número. Imaginemos 65536 ciudades, que cada ciudad tenga 65536 casas, que en cada casa haya 65536 cofres y cada cofre contenga 65536 besantes. Si quitamos un besante de uno de los cofres obtenemos la suma de las potencias de dos de todo el tablero.

ciudades 65536
casas 65536
cofres 65536
besantes 65536

48. SIETE ANCIANOS

Siete ancianos van a Roma. Cada uno tiene 7 mulas, cada mula tiene 7 sacos, en cada saco hay 7 panes, en cada pan hay 7 cuchillos y cada cuchillo tiene 7 dientes. ¿Cuál es la suma de todo lo anteriormente nombrado?

NOTA:

Este es uno de los problemas más antiguos de matemática recreativa. La primera versión del problema se encuentra en el Papiro Rhind del antiguo Egipto (año 1650 a.C. aproximadamente). También es famoso el acertijo "As I was going to St. Ives" basado en este problema y escrito en rima en inglés.

Solución:

Hay que calcular la suma de las potencias de 7 desde 7^1 hasta 7^6. Fibonacci presenta la solución de la siguiente manera:

137256
7
49
343
2401
16807
117649

suma
137256

49. UNA CIUDAD CON DIEZ PUERTAS

Un hombre desea abandonar una ciudad que tiene 10 puertas. En la primera puerta debe entregar $\frac{2}{3}$ de sus besantes y $\frac{2}{3}$ de un besante. En la segunda puerta debe entregar la mitad de lo que lleva y $\frac{1}{2}$ de un besante. En la tercera puerta $\frac{1}{3}$ de lo que lleva y $\frac{1}{3}$ de un besante. En la cuarta $\frac{1}{4}$ de lo que lleva y $\frac{1}{4}$ de un besante. Y así hasta la décima puerta donde entregó $\frac{1}{10}$ de los besantes que le quedaban y $\frac{1}{10}$ de un besante, quedándole al abandonar la ciudad un único besante. ¿Cuántos besantes tenía el hombre?

Solución:

Como en el problema 36 de "Las manzanas del jardín", la mejor manera de resolver el problema es calcular cuántos besantes tenía el hombres antes de atravesar cada puerta empezando por la última hasta llegar a la primera.

Llamamos x_i al número de besantes que posee el hombre antes de cruzar la iésima puerta.

Puerta 10	$1 + \dfrac{1}{10} = \dfrac{9}{10}x_{10} \Rightarrow x_{10} = \dfrac{11}{9}$
Puerta 9	$\dfrac{11}{9} + \dfrac{1}{9} = \dfrac{8}{9}x_9 \Rightarrow x_9 = \dfrac{12}{8}$
Puerta 8	$\dfrac{12}{8} + \dfrac{1}{8} = \dfrac{7}{8}x_8 \Rightarrow x_8 = \dfrac{13}{7}$
Puerta 7	$x_7 = \dfrac{14}{6}$
Puerta 6	$x_6 = \dfrac{15}{5}$
Puerta 5	$x_5 = \dfrac{16}{4}$
Puerta 4	$x_4 = \dfrac{17}{3}$

Puerta 3	$x_3 = \dfrac{18}{2}$
Puerta 2	$x_2 = \dfrac{19}{1}$
Puerta 1	$19 + \dfrac{2}{3} = \dfrac{1}{3}x_1 \Rightarrow x_1 = 59$

Por lo tanto el hombre tenía 59 besantes.

besantes
59

50. LOS DOS POSTES

Hay dos postes separados por 12 pies. El menor tiene una altura de 35 pies y el más alto mide 40 pies. Si el más alto se apoyara sobre el menor: ¿en que parte del poste tocaría? ¿Y si el menor se apoya en el de más altura?

NOTA:

El problema pertenece al capítulo 15 del Liber Abaci en el cual Fibonacci resuelve varios problemas geométricos usando el teorema de Pitágoras y otros métodos basados en la semejanza de triángulos.

Solución:

Dibujando el gráfico del enunciado:

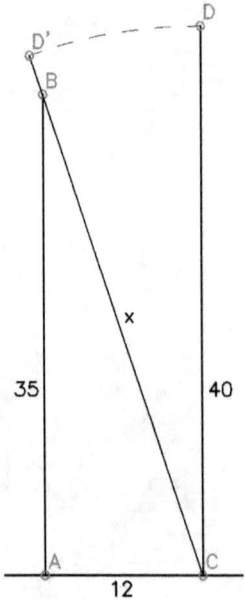 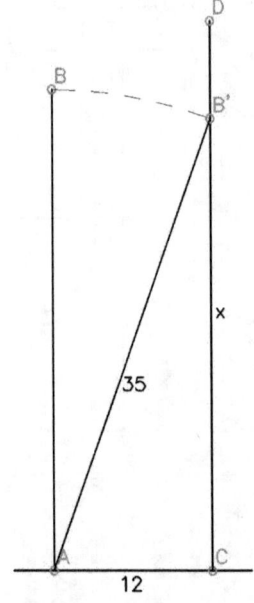

Si el más alto se apoya sobre el menor, aplicando el teorema de Pitágoras, tenemos que el segmento BC mediría:

$$BC = \sqrt{35^2 + 12^2} = \sqrt{1225 + 144} = \sqrt{1369} = 37 \text{ pies.}$$

Si el menor se apoya sobre el más alto:

$$CB' = \sqrt{35^2 - 12^2} = \sqrt{1081} = 32,88 \text{ pies.}$$

51. DOS PÁJAROS VOLANDO HACIA LA FUENTE

Dos torres, una de 30 pasos y otra de 40 pasos están separadas 50 pasos. Entre las dos torres se encuentra una fuente hacia la que descienden dos pájaros que están en las almenas de las torres. Yendo a igual velocidad llegan al mismo tiempo. ¿A qué distancia de las torres se encuentra la fuente?

Solución:

Como en el problema anterior, dibujamos el gráfico del enunciado:

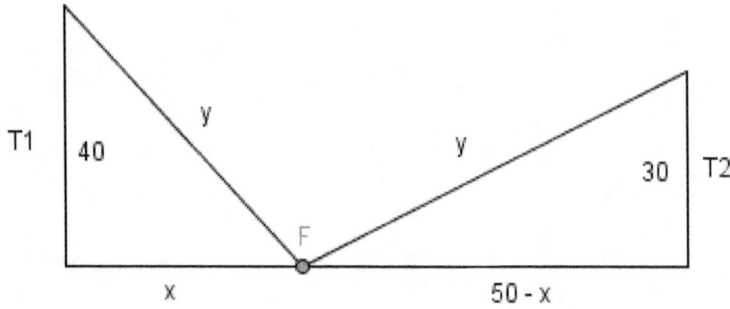

Los dos pájaros van a la misma velocidad y llegan al mismo tiempo, eso quiere decir que recorren la misma distancia (y). Llamando x a la distancia de la torre más alta a la fuente y aplicando el teorema de Pitágoras obtenemos:

$$\begin{cases} y^2 = 40^2 + x^2 \\ y^2 = 30^2 + (50 - x)^2 \end{cases}$$

Igualando ambas expresiones obtenemos la ecuación:

$40^2 + x^2 = 30^2 + (50 - x)^2$, cuya solución es x = 18.

Por tanto, la fuente se encuentra a 18 pasos de la torre más alta y a 32 de la otra.

Fibonacci, en cambio, para resolver este problema emplea un interesante método geométrico:

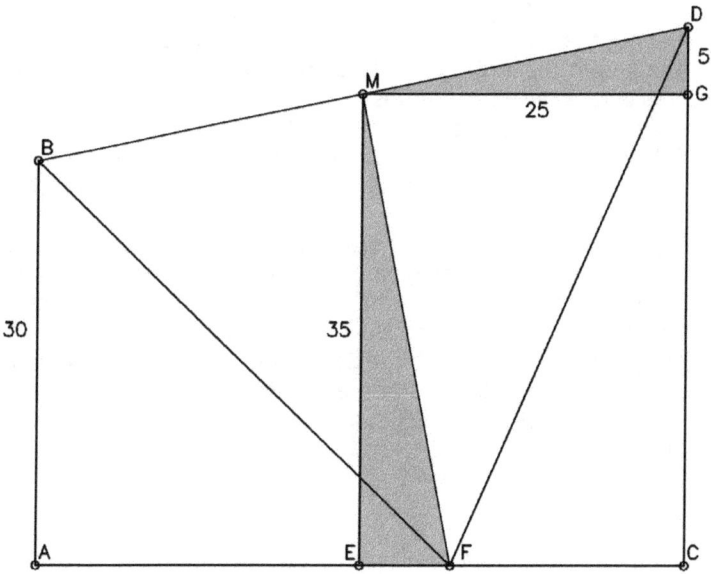

Si los dos pájaros van a la misma velocidad y llegan al mismo tiempo, eso quiere decir que recorren la misma distancia y que, por lo tanto, los segmentos BF y DF son iguales. Entonces, el triángulo BFD es isósceles y el punto M está a igual distancia de B que de D, lo que quiere decir también que el segmento EM mide 35 pies y los segmentos AE y MG miden 25. Como EM mide 35 pies GD mide 5.

Ahora podemos aplicar semejanza a los triángulos EFM y MGD y así calculamos el segmento EF:

$$\frac{35}{EF} = \frac{25}{5}$$

Por tanto EF = 7, la distancia de la fuente a la torre más baja es 25+7=32 pasos y la distancia a la otra torre es 18 pasos.

Previamente, en el capítulo 13, Fibonacci resuelve este problema usando el método de la doble falsa posición.
Supongamos que la fuente está a 10 pies de la torre más alta. Entonces el cuadrado de la distancia recorrida por un pájaro es 1700 ($10^2 + 40^2$) mientras que el del otro es 2500 ($40^2 + 30^2$).Es decir ambas cantidades difieren en 800 unidades.
Añadimos ahora 5 pies a la distancia de la fuente desde la torre más alta y se la quitamos a la distancia desde la otra torre (es decir, las distancias son ahora 15 y 35 pies respectivamente). Entonces, el cuadrado de las distancias recorridas por los pájaros es 1825 y 2125 respectivamente. Ambas cantidades difieren en 300 unidades.
Fibonacci establece ahora el siguiente razonamiento: si aumentando en 5 pies la distancia a la torre más alta hemos reducido la diferencia entre las distancias recorridas por los pájaros en 500, volviendo a aumentar la distancia a la torre 3 pies, reduciremos la diferencia de 300 unidades que nos queda.
Así, la distancia de la fuente a la torre más alta es 18 pies (10 + 5 + 3) y 32 pies es la distancia a la otra torre. ($18^2 + 40^2 = 32^2 + 30^2 = 1924$).

BIBLIOGRAFÍA

- **Fibonacci's Liber abaci: a translation into modern English of Leonardo Pisano's Book of calculation.**
  Autor: L. E. Sigler.
  Editorial: Springer, 2003.

- **Giochi matematici del Medioevo: i conigli di Fibonacci e altri rompicapi liberamente tratti dal Liber Abaci.**
  Autor: Nando Geronimi.
  Editorial: B. Mondadori, 2006.

- **Leonard of Pisa and the New Mathematics of the Middle Ages.**
  Autor: Joseph Gies, Frances Gies.
  Editorial: New Classics Library, 1969.

- **Fibonacci. El primer matemático medieval.**
  Autor: Ricardo Moreno Castillo.
  Editorial Nivola, 2004.

- **El lobo, la cabra y la col.**
  Autor: Vicente Meavilla.
  Editorial: Almuzara, 2011.

- **The book of squares.**
  Autor: L. E. Sigler.
  Editorial: Academic Press, 1987.

- **The birth of mathematics: ancient times to 1.300**

  Autor: Michael J. Bradley.

  Editorial: Chelsea House Publishers, 2.006.

- **Leonardo Pisano Fibonacci.**

  Artículo de: *J J O'Connor* y *E F Robertson*, 1998.

  http://www-history.mcs.st-

  andrews.ac.uk/Mathematicians/Fibonacci.html

- **Las flores de Fibonacci.**

  Articulo de: Antonio Pérez Sanz.

  Revista SUMA Noviembre 2005, pp. 119-121.

  http://revistasuma.es/

www.ingramcontent.com/pod-product-compliance
Lightning Source LLC
Chambersburg PA
CBHW071226170526
45165CB00003B/1008